林业技术专业群新形态系列教材

家具设计与制造

鲁　锋　张付花　曹春森　主编

中国林业出版社
|||CFPH||| China Forestry Publishing House

图书在版编目(CIP)数据

家具设计与制造 / 鲁锋，张付花，曹春森主编. --
北京：中国林业出版社，2023.8
林业技术专业群新形态系列教材
ISBN 978-7-5219-2279-0

Ⅰ.①家… Ⅱ.①鲁… ②张… ③曹… Ⅲ.①家具-
设计-教材 ②家具-生产工艺-教材 Ⅳ.①TS664

中国国家版本馆 CIP 数据核字(2023)第 148887 号

策划编辑：田 苗 赵旖旎
责任编辑：田 苗 赵旖旎
责任校对：苏 梅
封面设计：周周设计局

出版发行：中国林业出版社
　　　　　（100009，北京市西城区刘海胡同 7 号，电话 83223120）
电子邮箱：cfphzbs@ 163. com
网址：www. forestry. gov. cn/lycb. html
印刷：北京中科印刷有限公司
版次：2023 年 8 月第 1 版
印次：2023 年 8 月第 1 次
开本：787mm×1092mm　1/16
印张：11.5
字数：27 千字
定价：46.00 元

数字资源

编写人员名单

主　　编　鲁　锋　张付花　曹春森

副 主 编　陈　年　许艳青　赵　璐

编写人员　（按姓氏拼音排序）

曹春森　江西环境工程职业学院

陈　年　江西环境工程职业学院

程媛媛　江西环境工程职业学院

李　月　黑龙江林业职业技术学院

鲁　锋　江西环境工程职业学院

邵　静　湖北生态工程职业技术学院

徐志威　江西环境工程职业学院

许艳青　江西环境工程职业学院

杨　静　江苏农林职业技术学院

张付花　江西环境工程职业学院

张小龙　江西环境工程职业学院

赵　璐　江西环境工程职业学院

前言

为进一步提升家具行业技术技能人才培养的质量，满足企业对家具设计类人才的需求，聚焦"擅设计、懂工艺、会制造、能营销"的人才培养目标，依托产业学院和世界技能大赛家具制造项目中国集训基地，深化校企合作和校校合作，聚焦家具设计类人才的职业能力要求，合作开发了家具设计类系列教材。

本教材突破传统编写思路，采用任务驱动教学法，按照家具设计岗位的职业核心能力要求，围绕单体家具的设计与制作，重点介绍了椅凳类、桌案类、柜架类、床榻类4类家具。在家具设计部分，任务涉及中国传统家具的发展、家具样式的分析、家具基本功能要求与尺寸、家具的创意设计以及家具设计任务的实施与评价等内容；在家具制作部分，介绍了4种类型家具的制作流程，任务包含家具三视图的绘制、材料清单的编写、工艺流程的制订以及常用的工具和设备的使用等内容。通过以上内容的编排，让学习者全面掌握单体家具设计与制作的相关知识、专业技能以及职业素养。

本教材由鲁锋、张付花、曹春森担任主编，具体分工如下：项目1由鲁锋、陈年编写，项目2由曹春森、许艳青、赵璐编写，项目3由张付花、徐志威编写，张小龙、程媛媛、邵静、李月、杨静参与了素材的准备工作，江西自由王国家具有限公司、赣州标啄家具设计有限公司、江西分寸家具有限公司、赣州璞尚家具设计有限公司、江西美和红木家具有限公司等企业提供了技术指导。

本教材的出版得到了中国林业出版社的精心指导，也得到了相关兄弟院校的大力支持，在此一并深表感谢。编写过程中，借鉴和参阅了国内外相关教材，参考了相关企业产品部分图表资料，在此向所有支持本教材编写工作和提供素材的单位和个人表示衷心的感谢。

由于编者水平有限，书中难免存在不妥之处，请专家、同行和广大读者多提宝贵意见。

鲁　锋

2023 年 6 月

目录

【学习目标】

▶▶知识目标

理解并掌握家具的定义、家具的特征以及家具的分类；理解家具设计的定义、家具设计各要素的内涵；掌握家具设计的原则；掌握家具制作的工艺流程。

▶▶能力目标

会对家具进行设计要素进行分析；会运用家具设计的原则评价家具设计方案；会根据家具设计的方法和步骤进行家具产品开发方案的制订。

▶▶素质目标

培养学生团结协作、一丝不苟的职业素养。

任务 1-1　认识家具

【工作任务】

▶▶任务描述

该任务以学校家具为对象进行调查，通过小组调研，明确家具的定义、家具的特征以及家具的分类。

▶▶任务分析

采用实地考察法、问卷调查法和访谈法对学校的家具进行调研。

【知识准备】

1. 家具的定义

家具最早出现在我国夏商周时期，是家用器具之意，是指日常生活、工作和社会交往活动中供人们坐、卧或支承与储存物品的一类器具。英文为 furniture，出自法文 fourniture，即设备的意思。外语中的另一种说法来自拉丁文 mobilis，即移动的意思，如德文 möbel、法文 meulbe、意大利文 mobile、西班牙文 mueble 等。

现代家具的含义更加宽泛，即家具不一定局限于家中使用，用于公共场所、交通工具或户外者也可称为家具；家具不一定可移动，它们也可固定在地面或建筑物上。现代家具的设计存在于大量的环境产品、城市设施、家庭空间、公共空间和工业产品设计之中，家具是创造和引领人类新的生活与工作方式的物质器具，具有丰富的文化形态。因此，从广义上讲，家具是指人类维持正常生活、从事生产实践和开展社会活动必不可少的一类器具。

2. 家具的特征

1) 使用具有普遍性

人类无论是先前的席地而坐还是后来的垂足而坐，家具都一直被人们广泛地使用，在当今社会中家具更是必不可少。家具以其独特的功能贯穿于人们的衣、食、住、行之中（表1-1），并且随着社会的发展和科技的进步以及生活方式的变化而变化。例如，我国改革开放以来发展的商业家具、旅游家具、办公家具以及民用家具中的音像柜、厨用家具、卫生器具等便是我国家具发展中涌现的新品种。它们以各自独特的功能满足不同时期、不同群体的不同需求。

家具的普遍性也可以理解为群众性，因为人人都是家具的使用者、欣赏者甚至是设计者。

表1-1　家庭日常生活与家具

活动内容	相关家具	使用成员	相关居室
进餐	餐桌、餐椅、餐柜等	全家	餐厅
烹调	灶柜、冷藏柜、吊柜、配餐台等	全家	厨房
睡眠	单人床、双人床、儿童床等	全家	卧室
储衣	衣柜、壁柜、橱、组合柜等	全家	卧室
梳妆	梳妆台、凳、墩、椅等	全家	卧室
学习或办公	写字台、电脑桌、椅子、书柜等	全家	书房或卧室
聚会、娱乐	沙发、茶几、吧台、电视柜等	家人、客人	客厅

2) 功能具有二重性

家具既是物质产品，又是精神产品，既有具体明确的使用功能，又有供人观赏并产生审美快感和引发丰富联想的精神功能，也就是人们常说的功能二重性特点（表1-2）。它既涉及材料、工艺、设备等技术领域，又与社会学、行为学、关系学、心理学等社会科学密切相关。设计家具必须掌握好功能、物质技术条件和造型三者之间的关系，使家具能全面地体现应有的价值。

表1-2　家具二重性的内涵

二重性	涉及要素	操作性质	作用	认识类型
物质性	材料、结构、工艺、设备等	制作产品	功能用途	理性认识
精神性	造型、色彩、肌理、装饰等	设计作品	艺术观赏	感性认识

3) 发展具有时代性

家具的类型、数量、形式、风格、功能、结构和加工水平以及社会对家具的需求情况，是随着社会的发展而发展的，可以在很大程度上反映出一个国家和一个地区的技术水平、物质文明程度、历史文化特征、生活方式和审美趣味。例如，目前流行的柜类的设计突出并追求时代感，讲究环保、智能化、多功能和表面装饰多元化及造型的时尚和前卫，充分体现了当今社会的创新理念和科技水平。

3. 家具的分类

1）按基本功能分类

从人体工程学的意义出发，以家具与人、物的关系及其密切程度为依据分为以下 4 类。

（1）坐卧类家具：与人体直接接触，起支承人体活动的家具，如椅子、沙发、床等，如图 1-1 所示。

图 1-1　坐卧类家具

（2）凭倚类家具：与人体活动有密切关系，起辅助人体活动、承托物体的家具，如几、台、案、桌等，如图 1-2 所示。

图 1-2　凭倚类家具

（3）储存类家具：与人体产生间接关系，与物品的关系密切，起着储存物品作用的家具，如橱、柜、架、箱等，如图 1-3 所示。

图 1-3　储存类家具

（4）陈设类家具：指陈放装饰品的开敞式柜类或架类家具，如博古架、隔断架、花架等，如图 1-4 所示。

图 1-4　陈设类家具

2）按建筑环境分类

按不同的建筑环境和使用地点，根据人类活动的不同以及建筑空间类型可分为住宅建筑家具、公共建筑家具和室外环境家具。

（1）住宅建筑家具：即居室家具，可分为在门厅、客厅、书房、卧室、厨房、餐厅、卫生间等室内空间使用的家具，如图 1-5 所示。

图 1-5　住宅建筑家具

（2）公共建筑家具：在公共空间内使用的家具，有办公家具、酒店家具、商业展示家具、学校家具等，如图 1-6 所示。

图 1-6　公共建筑家具

（3）室外环境家具（户外家具）：一般指城市景观设施中的休息设施部分，如城市广场、公园、人行道、林荫道上设计和配备的供人们休憩的室外家具，如图 1-7 所示。

图 1-7 室外环境家具

3）按基本形式分类

（1）椅凳类家具：如扶手椅、靠背椅、转椅、折叠椅、长凳、方凳、圆凳等，如图 1-8 所示。

图 1-8 椅凳类家具

（2）桌台类家具：如桌、几、台、案等，如图 1-9 所示。

图 1-9 桌台类家具

（3）柜类家具：如衣柜、五斗柜、床头柜、橱柜、书柜、陈设柜、电视柜、玄关柜等，如图 1-10 所示。

图 1-10　柜类家具

（4）床榻类家具：如单人床、双人床、儿童床、高低床、架子床、睡榻等，如图 1-11 所示。

图 1-11　床榻类家具

（5）沙发类家具：如单人沙发、双人沙发、组合沙发、布艺沙发、皮革沙发等，如图 1-12 所示。

图 1-12　沙发类家具

（6）其他家具：如屏风、花架、挂衣架、报刊架等，如图 1-13 所示。

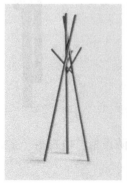

图 1-13　其他家具

4)按结构特征分类

(1)按照结构方式划分:

①固定式家具 零部件之间采用不可拆装连接件、胶接合、钉接合等不可拆装接合形式组成的家具。特点:榫卯结构,IT 组装,成品运输。优点:结构牢固、强度稳定;缺点:不可拆或不易拆,如图 1-14 所示。

图 1-14 固定式家具

②拆装式家具 零部件之间采用榫接合(不带胶)或可拆装连接件接合等可拆装形式组成的家具。包括拆装家具(knock down,KD)、待装式家具(ready to assemble,RTA)、易装式家具(easy to assemble,ETA)和自装式家具(do it yourself,DIY)。优点:零部件包装,现场组装;缺点:易松动损坏,如图 1-15 所示。

图 1-15 拆装式家具

③折叠式家具 采用翻转或折合连接而成的家具,如整体折叠家具、局部折叠家具等。优点:便于携带、运输、存储,节约空间,功能多样化;缺点:易损坏,承重力差,如图 1-16 所示。

图 1-16 折叠式家具

（2）按照结构类型划分：

①框架式家具　指以实木零件为基本构件，以榫卯连接、攒框装板为特点的框架结构家具。特点：以实木方材或圆材为骨架，采用框架嵌板结构，固定或可拆装，如图 1-17 所示。

图 1-17　框架式家具

②板式家具　以人造板为基材，以板式部件为主体构件的家具。用专用的金属连接件或圆棒榫接合装配，可以拆装。特点：工艺简单，工业化、批量化生产，可拆装，平板化包装，运输方便，基材为人造板，稳定性高，如图 1-18 所示。

图 1-18　板式家具

③曲木式家具　以弯曲木材料(实木方材弯曲、薄板胶合弯曲等)为主的家具。特点：造型流畅、富有动感，体现技术与艺术的良好结合，如图 1-19 所示。

④车木式家具　以车木或旋木的加工方式为主的家具，如图 1-20 所示。

（3）按照结构构成划分：

①组合式家具　指单体组合式家具、部件组合式家具、支架悬挂式家具等，如图 1-21 所示。

②套装式家具　指几件或多件结构相似的可套合收纳家具，如图 1-22 所示。

图 1-19　曲木式家具

图 1-20　车木式家具

图 1-21　组合式家具

图 1-22　套装式家具

5）按放置形式分类

（1）自由式（移动式）家具：包括有脚轮与无脚轮，可以任意变换位置的家具，如图1-23所示。

图1-23　自由式家具

（2）嵌固式家具：指固定或嵌入建筑物与交通工具的家具，一旦固定，一般不再变换位置，如图1-24所示。

图1-24　嵌固式家具

（3）悬挂式家具：悬挂于墙壁之上的家具，其中有些是可移动的，有些是固定的，如图1-25所示。

图1-25　悬挂式家具

6)按制作家具的材料分类

(1)木质家具：主要以实木与各种木质复合材料(如胶合板、纤维板、刨花板、细木工板等)加工而成的家具。主要包括实木家具、板式家具等。

①实木家具 以天然木材的锯材(方材/板材)为基材，经锯刨等切削加工，辅以雕刻，采用榫卯框架结构，表面经涂饰处理制成的家具；或在此类基材上采用实木单板或薄木(木皮)贴面后，再涂饰处理的家具，如图 1-26 所示。

②板式家具 以人造板为基材，以板式部件为主体构件的家具。用专用的五金连接件或圆棒榫接合装配，可以拆装，如图 1-27 所示。

③曲木家具 利用实木热压弯曲技术或胶合板模压成型技术制作的家具，以实现造型流畅，富有动感，是技术与艺术的完美结合，如图 1-28 所示。

图 1-26 实木家具

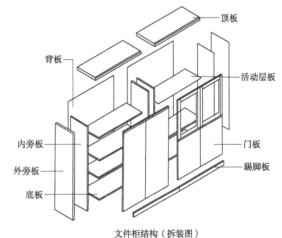

顶板
背板
活动层板
内旁板
外旁板
门板
踢脚板
底板

文件柜结构（拆装图）

图 1-27 板式家具

图 1-28 曲木家具

（2）金属家具：以金属管材、线材或板材为基材生产的家具，如图1-29所示。

（3）竹藤家具：以竹条或藤条编制部件构成的家具，如图1-30所示。

（4）塑料家具：整体或主要部件用塑料（如用发泡塑料）加工而成的家具，如图1-31所示。

图1-29　金属家具

图1-30　竹藤家具

图1-31　塑料家具

（5）玻璃家具：以玻璃为主要材料的家具，如图 1-32 所示。

图 1-32　玻璃家具

（6）石材家具：以天然石材和人造石材为主要材料的家具，如图 1-33 所示。

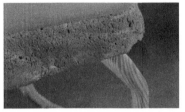

图 1-33　石材家具

【任务实施】

第一步：根据工作任务进行小组分工，3 个人一组，组长 1 名，成员 2 名，组长负责调研方案和 PPT 汇报，成员负责资料的搜集和 PPT 制作。

第二步：以学校为对象进行家具调查，通过实地考察、问卷调查和访谈，对教室、实训室、办公室、宿舍、食堂、体育馆、图书馆、会议室等场所的家具进行调研，利用照相机和录音笔做好过程记录。

第三步：围绕任务目标，利用计算机对调研资料进行整理并制作 PPT。

第四步：分组汇报，教师和组长作为评委分别进行点评打分。

第五步：教师对整个任务进行总结。

【注意事项】

调查过程中，要记录好家具的使用环境和使用对象，在 PPT 汇报过程中，要围绕"家具的概念、家具的特征以及家具的分类"，通过对调研资料图文并茂的分析，提出各小组的调研结论。

【考核评价】

考核内容	技能考核标准				得分
调研内容的设计、调研方法的选择、调研报告的撰写	优（15~20 分）：调研方法的选择合理且不少于 3 种，采用了定性和定量的分析方法并形成了完整翔实的调研报告，对后续的设计有非常强的指导性	良（10~15 分）：调研方法的选择合理，采用了定性和定量的分析方法并形成了完整的调研报告，对后续的设计有很强的指导性	中（5~10 分）：调研方法的选择合理，采用了定性和定量的分析方法并形成了较完整的调研报告，对后续的设计有一定的指导性	差（0~5 分）：调研方法的选择不合理，调研报告不完整，对后续的设计指导性不强	

【巩固训练】

1. 结合具体的家具，讲述家具的概念。

2. 结合具体的家具，讲述家具的特征。

3. 结合具体的家具，讲述家具的分类。

任务 1-2　认识家具设计

【工作任务】

>> 任务描述

以大学生宿舍家具为题进行分组设计。

>> 任务分析

按照调查研究—概念设计—设计展开—生产组织—营销策划 5 步进行设计。

【知识准备】

1. 家具设计的定义

设计（design），是意匠、设想与计划之意。意大利语为 disegnare 或 progettare，意为计划、企图、规划、设计、构思、绘制、草图、预定、指定等。

家具设计就是对家具进行事先构思、计划与绘制。

家具属于工业设计范畴，又具有不同于其他工业产品的属性。家具不仅有独立单体，也有系统，需要综合满足特定环境的使用要求。

设计不是发明一件产品，而是根据功能与情感设计其形式，并传达其用途。

2. 家具设计的要素

家具设计是由功能、结构、材料和外形 4 种要素组成，其中功能是先导，是推动家具发展的动力；结构是主干，是实现功能的基础；材料是必需品，是完成设计的条件；外形是附属品，是提升家具品味的途径。这 4 种要素既互相联系，又互相制约。由于家具是为了满足人们一定的物质需求和使用目的而设计与制作的产品，因此家具需要重视功能和外观形式方面的因素。下面阐述这 4 个要素的主要内容及相互间的关系。

1）功能

功能是家具的首要因素，没有功能就不能称为家具。随着生活质量的提高，现代人对家具功能的需求越来越广、越来越深入，要求也越来越高。生活是功能设计的创作源泉，家具的功能设计体现了设计师对生活的理解程度。

2）结构

材料的性能决定了结构的选择，结构直接影响着家具的强度与外形，如框式家具、板式家具、曲木式家具等。同时，结构也将直接影响到制作的难易程度及其生产效率的高低。

3）材料

不同的家具以及同一件家具中的不同部位起到不同的作用，对材料的要求也就不尽相同。不同的材料具有不同的性质，家具设计者需要作出明智的选择。

4）外形

外形决定着人们的感受，人有 5 种直接的感觉系统，即视觉、听觉、嗅觉、味觉和触觉。除了味觉之外，家具对其他 4 种感觉均有直接的影响，其中视觉占的比重最大，所以视觉特性受到人们的普遍重视。美学造型法则就是建立在视觉基础上的。

上述 4 项要素不是孤立的，而是互相交叉与影响的，初学者往往只注重外形，因为外形比较直观。然而，只考虑外形的设计多半是失败的，因为没有抓住家具设计的本质。其实，外形只是果，功能才是因。家具产品的设计首先是从功能出发的。

3. 家具设计原则

具体说来，现代家具设计应遵循以下原则。

1）人体工程学原则

为使设计的家具很好地为人服务，设计家具时应以人体工程学的原理指导家具设计。根据人体的尺寸、四肢活动的极限范围，人体在进行某项操作时能承受负荷及由此产生的生理和心理变化，以及各种生理特征等因素确定家具的尺度和人机界面。并且根据使用功能的性质，如根据人们在作业或休息的不同要求分别进行不同的处理。最终设计出让使用者操作方便、舒适、稳定、安全且高效的家具产品，使人和家具的关系最佳，并使人的生理和心理均得到最大的满足。例如，图书馆中书架搁板的分隔高度，应使人眼能看清书脊的书名；对置于最高一格的书籍，要使读者的手能触及并便于工作人员的整理。

2）辩证构思原则

辩证构思原则是应用辩证思维的设计原理与方法进行构思，要求综合考量各种设计要素进行设计，从而做到物质与精神、形式与功能、艺术与技术等的统一。因此，不仅设计要符合造型的审美艺术要求，还要考虑到用材、结构、设备和工艺，不但形态、色彩、质感要协调且有美感，而且加工、装饰、装配、包装、运输等在现有生产水平下的也能实现。

3）满足需求原则

满足需求原则是以人们新的需求、新的市场为目标开发新产品的设计原则。需求源自人类进步过程中不断产生的新的欲望与要求，并且人的需求是由低层次向高层次发展的。现代家具设计应遵循"以人为本"的现代理念，优秀的新产品设计要求功能有新的开拓，适合于当代的生活方式。设计者要从需求者、消费群体中，通过调查得到直接的需求信息，特别是要从生活方式的变化迹象中预测和推断出潜在的社会需求，并以此作为新产品开发的依据。

4）创造性原则

创造性原则是指在现代设计科学的基本理论和现代设计方法基础上，创造性地进行新产品的开发工作。设计过程就是创造过程，不断进行家具新功能的拓展，大量采用对人体无害的绿色新材料、新工艺，在造型上讲究时尚与前卫，在技术上应用微型计算机以体现智能化，使家具整体的个性、品牌、功能达到一体化。

5）流行性原则

设计的流行性原则，就是要求设计的产品表现出明显的时代特征，在造型、结构、材料、色彩等的运用上符合潮流；要求设计者能经常地、及时地推出适销对路的产品，以满足市场的需要。现代家具设计的流行款式，要在造型上突出与追求时代感，表面艺术装饰体现多元化，产品要求环保、智能化、多功能等。

要成功地应用流行性原则，就必须研究有关的流行规律与理论，新材料、新工艺的应用往往是新产品形态发展的先导，新的生活方式的变化和当代文化思想的影响，是新形式、新特点的动因。经济的发展与社会的安定是产生流行的条件。

6）资源持续利用原则

可持续发展是所有现代工业必须遵循的基本原则，家具制造也不例外。目前，"节约材料，保护环境"的呼声越来越强烈，为此，家具设计必须考虑材料资源的持续利用。首先，设计时要做到减量，即减少产品的体积和用料，简化和消除不必要的功能，尽量减少产品制造和使用的能源消耗。对于木质家具而言，要尽量以速生材、小径材和人造板为原料，对于珍贵木材应以薄木贴面的形式提高利用率。其次，要考虑产品的持续使用，设计成容易维护、可再次或重复使用、可以部分更替的家具。最后，可考虑回收再利用，设计时在用料上注意统一性，减少分类处理的不便，降低回收成本。

4. 家具设计程序与内容

家具设计步骤与方法虽然不尽相同，但家具设计并不是人们简单理解的制图，而是包括了前后步骤密切联系的一系列过程。这一过程是从设计实践中总结出来的一般规律和方法。设计者学习和掌握这些规律和方法，对于正确、完整地表达设计内容和表现设计效果，避免多走弯路都是十分必要的，现将家具设计步骤归结为设计准备阶段、设计构思阶段、初步设计阶段、设计评估阶段、设计完成阶段和设计后续阶段，并将各设计方法和工作内容糅和到各阶段之中。

1）设计准备阶段

工作目的：全面掌握资讯，确立设计项目。

工作内容：设计策划、设计调查及资料汇集、调查资料的整理与分析。

工作方法：对互联网、专业期刊、家具展览、家具企业、家具商场、消费者等进行调查并掌握资讯；采用定性、定量分析，突出新视点、追求最佳目标。

（1）设计策划：对设计产品进行定位，确定设计目标。设计师可以进行自由创作，也可以接受委托设计。设计师可能是一名自由职业者，也可能是家具厂员工。策划因情况而定，现就企业情况而言，一般可分为两种情况，即订货加工与设计开发。

①订货加工　订货加工产品需要设计，但通常只包括结构设计与生产设计，可以称为再设计或二次设计，即根据企业实际情况，在不影响产品功能、外在效果及其他有关要求的前提下，对原有设计方案进行分解，为产品的高质、高效生产提供技术服务与指导。

②设计开发　又可分为老产品改造、工程项目设计和市场产品开发与市场预测3种。

a. 老产品改造：是在原有产品基础上使之更趋完善的一条途径，其改造依据为自己发现或客户反馈，通常是有针对性地做局部更改或材料重新选择，或者装配结构难易的调整等，目标相对明确，比较容易把握。

b. 工程项目设计：是指承接工程项目时与室内环境进行配套设计，此时需要直接考虑与室内环境功能相统一。同时，客户往往会提出明确的要求或意向，比较容易找到设计的依据和对话的对象，无须做定向策划工作。但设计思路容易受客户主观意识的影响，这就需要有足够的耐心和技巧去引导和说服客户，通过沟通，使双方意图相对统一。

c. 市场产品开发与市场预测：设计策划确定为市场产品开发，由于客户的需求往往是隐含的，设计师需要寻求有一定共性的需求，不能完全被动地接受市场的引导，必须亲自去感受，对市场信息进行有效的摄取与处理，做出短期需求的估计和未来需求的预测。

（2）设计调查及资料汇集：设计策划一经确定，首先应当进行设计调查，从汇集资料工作着手，因为汇集工作在家具设计过程中起着重要的"参谋"作用，并为制订设计方案打下基础。具体可以从下列三方面进行：

①设计人员对所需设计的家具，围绕设计项目，深入到有关场所开展调查研究，了解家具的使用要求和使用的环境特点，以及家具材料的供应、生产工艺等条件，记录可供利用的资料并分清资料可供利用的时限。

②广泛收集各种有关的参考资料，包括各地家具设计经验，国内外家具科技情报与动态、图集、期刊、工艺技术及市场动态等资料，用于引导、拓展和丰富设计构思。

③采用重点解剖典型实例的方式，着重于实物资料的掌握和设计深度的理解，可以借助实地参观或实物测绘等多种手段，从多种多样的家具产品中，分析它们的实际效果，将各种解决问题的途径了然于胸，有助于在设计构思推敲过程中借鉴。

（3）调查资料的整理与分析：通过进行必要的研究，将各种有关的资料进行整理和分析，分别汇编成册，以便用于指导设计。

2）设计构思阶段

工作目的：设计产品的形象概念。

工作内容：完成设计创意与设计定位。

工作方法：设计概念草图、初步草图、提炼正草图；独立构思与集体讨论。

家具设计方案可以用不同的方法来确定，但一开始的构思，将在整个设计过程中起主导作用，这是一个深思熟虑的过程，通常称为创造性的形象构思。这就意味着形象的活动不止一次，而是多次反复而艰苦的思维活动，即"构思—评价—构思"不断重复直到得到满意结果的过程。

（1）明确设计意图：在进行设计之前，必须先了解有关要求，列出所要解决的设计内容，通过明确设计内容，使许多隐性的要求明晰化，逐步形成一个设计轮廓。

以设计一把新潮的休闲椅为例，可将全部设计内容分析如下：

①设计要求：新中式风格，美观、简约但不失韵味。

②用途：在玄关处起装饰和储物作用。

③使用对象：成年人，无性别和职业的要求。

④适用空间：室内空间。

⑤档次：高品位，保值。

⑥材料：中密度纤维板。

⑦表面装饰：实木贴皮，自然纹理。

⑧结构：板式结构。

⑨构件：标准化，批量化。

⑩运输：平板化包装。

（2）构思方案的形成：这个过程中，设计人员提出解决问题的尝试性方法，即按设计意图，通过综合性的思考得出各种设想。这一过程的形成需要复杂、精细而又富于灵感的劳动。一般按常规程序来说，它是从产品的使用要求着手，全面考虑包括功能、材料、结构、造型及成本等综合性问题。但也有根据个人习惯或在特殊情况下，由局部入手，考虑家具的尺寸、用料、质感、装饰、色彩等细微处理。无论构思的方案是模糊的，还是明确而具体的，都要多方推敲它是否符合设计意图的要求。

（3）构思的记录：草图是家具设计中表现构思意图的一种重要手段，它能将设计人员头脑中的构思勾勒成可见的、有形的图样。草图不仅可以使人观察到具体设想，而且表达方法简便、迅速、易于修改，还便于复印和保管。一件家具的设计往往是由几张，甚至几十张的草图开始的。具体内容如下：

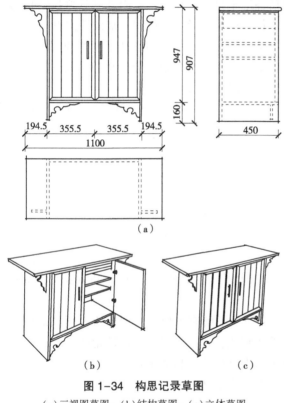

图 1-34　构思记录草图

(a)三视图草图；(b)结构草图；(c)立体草图

①工具　铅笔是绘制草图常用的工具，因为它便于反复调整和修改。另外，钢笔、圆珠笔和彩色笔也常用于绘图。草图用纸无须太讲究，其中方格坐标纸能显示设计对象的一定尺度关系，是一种较为理想的草图纸，也可在它上面覆以透明的薄草图纸（如硫酸纸），绘图则更显方便、快速与准确。

②图形　如图 1-34 所示，草图一般用立体图或三视图中的主视图来表示，草图又可分为理念草图、式样草图、结构草图等。理念草图仅表现一个大体形态；式样草图是从理念草图而来，不但有大体的形态，而且有概略的细部处理或色彩表达；结构草图则是表现家具内部细节的构思。3 种草图在构思过程中完成对家具从外到内、从整体到局部的全部构想。

③标准　草图可以不受制图标准的限制，并且一般不需要按精确的尺寸来绘制，但在草图开始时就要引入尺度的概念，以便使草图方案与实际使用尺寸符合。

④作图法　任何设计人员都应掌握徒手画草图这种快速而简便的技巧，练习画草图的方法可以由直线开始。画直线时，眼睛不要看笔尖的移动，而应看着直线的终点，这样才能画出平直的线条。先练习画水平线，后画垂线、斜线、弧线和圆。徒手画立体图的主要方法是依靠经验判别并确定家具各部分在透视图中的关系。作图时可先画水平线作为视平线，同时按假定视点高度把基线表示出来，再根据透视规律画出家具轮廓，然后绘制各部分具体图形，最后画出各细节内容。

3）初步设计阶段

工作目的：完成产品造型的初步设计，并深入研究设计内容使方案成熟。

工作内容：画出设计方案图(三视图、透视图和效果图)。

工作方法：认真绘制三视图、透视图和效果图，深入设计并研究细节，完成家具造型设计。

初步设计是在对草图进行筛选的基础上画出方案图(三视图、透视图和效果图)。初步设计应绘出多个方案以便进行评估，选出最佳方案，如图 1-35 所示。方案图应按比例绘出三视图并标注主要尺寸，还要画出表现立体效果的透视图和体现主要用材以及表面装饰材料与装饰工艺要求的效果图。

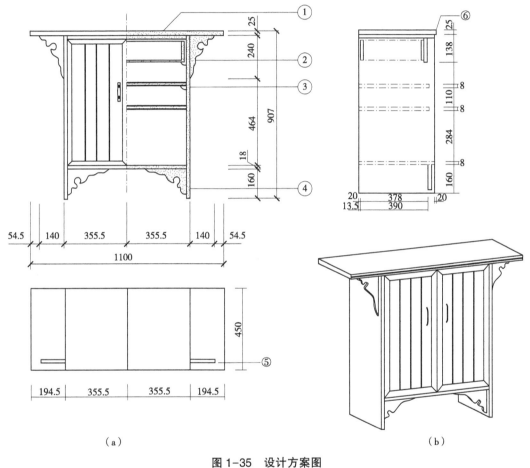

图 1-35 设计方案图

(a)三视图；(b)透视图

设计效果图是在方案图的透视图基础上以各种不同的表现技法，表现产品在空间或环境中的视觉效果(图 1-36)。效果图常用水粉、水彩、喷绘、计算机辅助设计等不同手段进行表达。设计效果图还包括构成分解图(爆炸图)，即以拆开的零部件的透视效果表现产品的内部结构。

由于某些家具设计方案的空间结构较为复杂，一些组合式或多用途式的家具有时在纸面上很难表达其空间关系，因此，可以制作仿真模型，常用的简单材料如厚质纸、吹塑纸、纸板、金属丝、软木、硬质泡沫塑料、金属皮、薄木、木纹纸等，一般采用 1∶2、

图 1-36　设计效果图

1 : 5、1 : 8 等比例制作，模型比效果图更真实可信，便于设计方案的评估审定。

4) 设计评估阶段

工作目的：使方案完全成熟，得到甲方的认可。

工作内容：与甲方共同审定或投标、议标。

工作方法：与甲方进一步确定，对设计方案进行必要的修正。

无论是草图还是方案图(造型图)，或是模型，仅仅是一种设计方案的设想，总是要通过不同的途径或方式，经过多次反复研究与讨论做出评审或评估。评审可以用讨论的形式，也可以在确定目标的前提下由评审小组成员进行打分，评估方法有外观评价法、综合评价法等，以确定最佳方案，并将别人提出的正确意见或设计人员自己的新构想赋予设计方案，做必要的修正。

5) 设计完成阶段

工作目的：确定制造工艺与方法、装配方法，完成成本核算。

工作内容：与生产部门确定生产工艺技术图纸、零部件分解图纸。

工作方法：绘制家具生产图，编制材料明细表，进行成本预算。

当家具设计方案确定以后，就可进入技术设计阶段，即全面考虑家具的结构细节，具体确定各个零部件的尺寸、大小和形状及它们的接合方式，完成全部设计文件，文件包括以下主要内容：

(1) 生产图：家具生产图是整个家具生产工艺过程和产品规格、质量检验的基本依据，因此，它具备了从零件加工到部件生产和家具装配等生产上所必需的全部数据和显示所有的家具结构关系，生产图是设计的重要文件，务必根据制图标准，按生产要求，严密地绘出全套生产图。生产图多采用缩小比例绘制，只是一些关键节点和一些复杂而不规则的曲线，以及一些不易理解的结构，采用 1 : 1 比例的足尺大样图或制成"样板"来表示。

生产图包括结构装配图、零部件图、大样图等(图 1-37 至图 1-43)，加上前面完成的设计效果图和拆装示意图，构成完整的图纸系列文件用以指导生产。要完成上述图纸文件，需要花费相当多的时间，所以目前家具设计已广泛地应用计算机与相关的技术软件，快捷便利的技术软件也被不断地开发出来。

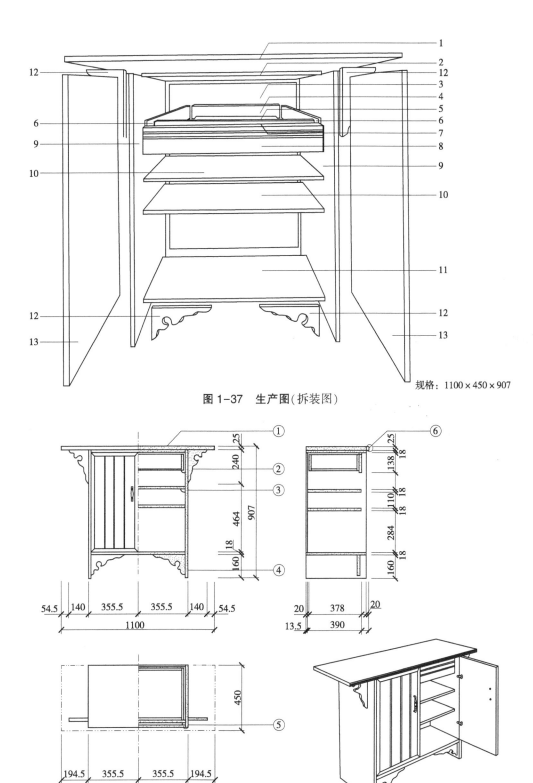

规格：1100 × 450 × 907

图 1-37　生产图(拆装图)

规格：1100 × 450 × 907

图 1-38　生产图(结构装配图 1)

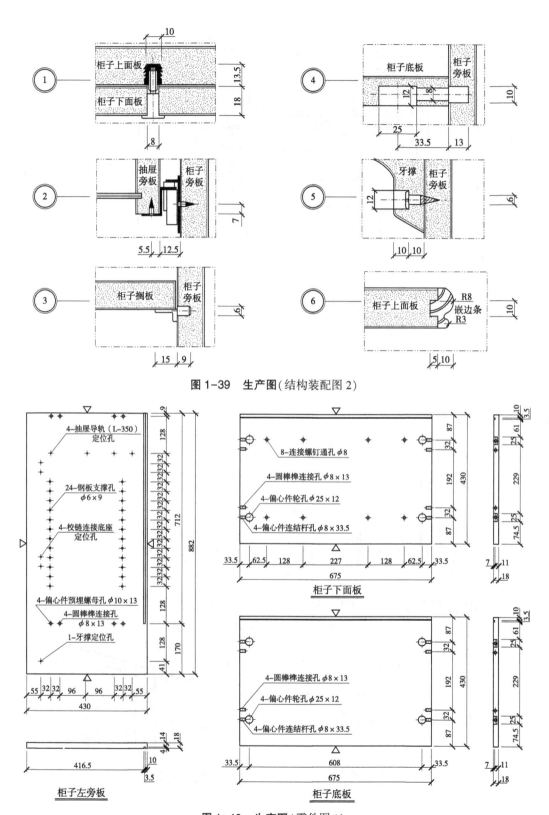

图 1-39   生产图(结构装配图 2)

图 1-40   生产图(零件图 1)

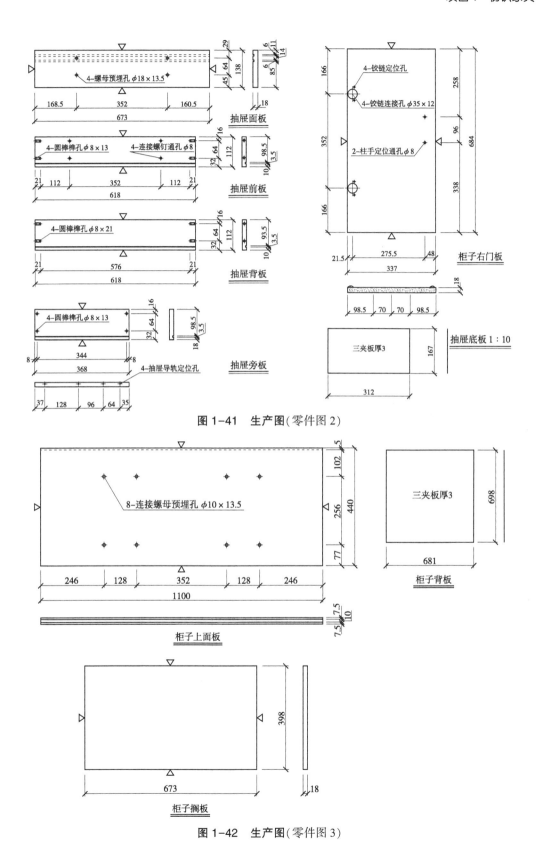

图1-41 生产图(零件图2)

图1-42 生产图(零件图3)

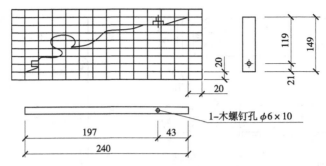

图1-43　生产图(大样图)

(2)裁板(排料)图：为提高板材利用率，降低成本，对于板式部件的配料，应预先画出裁板图，以便下料工人按图裁切，裁板(排料)图形式如图1-44所示。

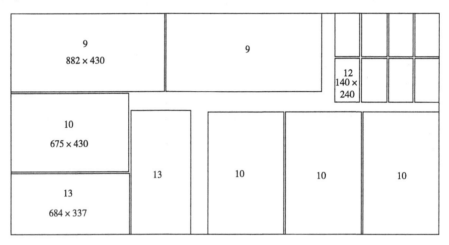

材料名称：贴面刨花板　　材料规格：2440×1220　　锯缝：3　　用料数量：1

9号零件　882×430　2块　　13号零件　684×337　2块

10号零件　675×390　4块　　12号零件　140×240　6块

图1-44　裁板(排料)图

(3)零部件明细表，见表1-3。

表1-3　零部件明细表

产品名称：_____　　规格：1100×450×907　　代号：_____

序号	零部件名称	材料	数量(每件/套)	净料规格(mm)	备注
1	柜子上面板	贴面刨花板	1	1100×440×25	左右对称
2	柜子下面板	贴面刨花板	1	675×430×18	左右对称
3	柜子背板	三夹板	1	698×681×3	
4	抽屉背板	贴面刨花板	1	618×112×16	左右对称
5	抽左右旁板	贴面刨花板	各1	360×112×16	两板对称
6	抽屉底板	三夹板	1	312×167×3	
7	抽屉后面板	贴面刨花板	1	618×112×16	左右对称

（续）

序号	零部件名称	材料	数量（每件/套）	净料规格（mm）	备注
8	抽屉前面板	贴面刨花板	1	673×138×18	左右对称
9	柜左右旁板	贴面刨花板	各1	882×430×18	两板对称
10	柜子内搁板	贴面刨花板	2	673×390×18	
11	柜子底板	贴面刨花板	1	675×430×18	左右对称
12	柜四边牙撑	贴面刨花板	4	140×240×18	加工成型
13	柜左右门板	贴面刨花板	各1	684×337×18	两板对称

（4）外加工件与五金配件明细表，见表1-4。

表 1-4　外加工件与五金配件明细表

序号	配件名称	单位、数量（单件/套）	规格	材料	备注
1	连接螺钉	8	$\phi 8×29$	金属	配合使用
2	预埋连接螺母	8	$\phi 10×13$	金属	
3	抽屉导轨	2 对	$L=350$	金属	
4	搁板支承	8	$\phi=6$	塑料	
5	偏心连接轮	8	$\phi 25×12$	金属	配合使用
6	偏心连接杆	8	$\phi 7×36.5$	金属	
7	预埋螺母	8	$\phi 10×13$	金属	
8	圆棒榫	16	$\phi 8×13$	实木	
9	木螺钉	8	$\phi 6×10$	金属	
10	木拉手	2	$L=96$	实木	
11	门铰链	2	$\phi 35×12$	金属	开启 107°
12	铰链连接底座	2	$H=7$	金属	开启 107°

（5）材料计算明细表，见表1-5。

表 1-5　材料计算明细表

产品名称：＿＿＿＿＿　　规格：1100×450×907　　代号：＿＿＿＿＿

材料类别	材料名称	规格	单位	数量（单件/套）	批量	总量	备注

注：成本汇总包括原材料、辅助材料、五金配件、工资、管理费等。

（6）包装设计及零部件包装清单：当今多数拆装结构家具都是用专用五金件进行连接，以板块纸箱包装或部件包装，进行现场装配。包装时要考虑一套家具的包装件数、内外包装用料，以及包装规格和标识。每一件包装箱内都应有包装清单，其内容见表1-6。

表 1-6 零部件包装清单

产品名称：_____   规格：_____   代号：_____

序号	层位	零部件名称	规格	数量	备注

(7)产品装配说明书：要大体说明产品的拆装过程，使用户一目了然，方便易行。详细画出各连接件的拆装图解(包括步骤、方法、工具、注意事项等)，并附带详细的装配示意图和部分有代表性的总体效果图。

(8)产品设计说明书：对于一套完整的设计技术文件，必须有说明书，编写产品的说明书既有商业性，又有技术性，其主要内容包括：产品的名称、型号、规格；产品的功能特点与使用对象；产品外观设计的特点；产品对选材用料的规定；产品内外表面的装饰内容、形式等要求；产品的结构形式；产品的包装要求、注意事项等。

6)设计后续阶段

工作目的：完成样品制作、生产准备、试产试销。

工作内容：样品制作、营售策划。

工作方法：与生产部门合作制作样品，注意试销信息反馈。

从企业生产全局来看，施工图纸与设计文件完成后，产品开发设计还需继续，应完成如下各个阶段。

(1)样品制作阶段：根据施工图加工出来的第一件产品就是样品。样品制作既可在样品制作间进行，也可在车间生产线上通过逐台机床加工，最后进行装配。样品制作之后应进行试制小结，这一阶段的主要内容如下：

①样品试制 包括选材、配料、加工、装配、涂饰、修整等流程。

②试制小结 检查零部件加工情况、材料使用情况，完成尺寸审查评议、外观审查评议、性能检测，提出存在问题。

(2)生产准备阶段：包括原材料与辅助材料的订购，设备的增补与调试，专用模具、刀具的设计与加工，质量检控点的设置，专用检测量具与器材的准备等。

(3)试产试销阶段：这一阶段是产品设计工作的延伸，设计者可以不完全参与，但必须十分关心，不管产品销售情况如何，均必须注意信息反馈，不断进行分析总结，在进一步改进的同时即着手构思下一步的产品。

【任务实施】

第一步：根据工作任务进行小组分工，3 个人一组，组长 1 名，成员 2 名，组长负责设计实施计划和设计方案 PPT 汇报，成员负责资料的搜集和 PPT 制作。

第二步：以宿舍家具为对象进行调研，通过实地考察、问卷调查和访谈对宿舍的人、事、物进行调研，形成调研报告，并利用照相机和录音笔做好过程记录。

第三步：围绕调研报告进行概念设计，每位成员至少完成一份概念设计草图。

第四步：围绕概念定位展开设计，从功能、造型、材料和结构等设计要素进行展开，每位成员至少绘制一份产品效果图。

第五步：绘制产品三视图、零部件图、剖面图以及大样图等工艺文件，制订产品下料单和五金明细表，制订产品工艺流程。

第六步：围绕产品概念进行营销方案的制订。

第七步：按小组进行设计方案汇报，教师和各小组组长担任评委进行评分。

第八步：教师对整个任务进行总结。

【注意事项】

设计过程中要围绕"人(大学生)—事(宿舍生活)—物(家具)"三者之间的关系进行设计。

【考核评价】

序号	考核内容	技能考核标准	得分
1	市场调研（20分）	优(15~20分)：调研方法的选择合理且不少于3种，采用了定性和定量的分析方法并形成了完整翔实的调研报告，对后续的设计有非常强的指导性	
		良(10~15分)：调研方法的选择合理，采用了定性和定量的分析方法并形成了完整的调研报告，对后续的设计有较强的指导性	
		中(5~10分)：调研方法的选择合理，采用了定性和定量的分析方法并形成了较完整的调研报告，对后续的设计有一定的指导性	
		差(0~5分)：调研报告不完整，调研方法的选择不合理，对后续的设计指导性不强	
2	概念设计（20分）	优(15~20分)：概念围绕"人—事—物"三者之间的关系进行设计，创新性强，有很强的突破性，形成了大量的概念创意草图(不少于15张)，草图表达清晰完整，并有很强的视觉冲击力	
		良(10~15分)：概念围绕"人—事—物"三者之间的关系进行设计，创新性强，有很强的突破性，绘制了大量的概念创意草图(不少于10张)，草图表达清晰完整，并有较强的视觉冲击力	
		中(5~10分)：概念围绕"人—事—物"三者之间的关系进行设计，有一定的创新性，绘制了概念创意草图(不少于5张)，草图表达清晰完整，并有一定的视觉冲击力	
		差(0~5分)：概念未围绕"人—事—物"三者之间的关系进行设计，创新性不强，绘制了概念创意草图(少于5张)，草图表达差	
3	设计展开（20分）	优(15~20分)：设计方案创新性强、功能尺寸合理、造型新颖、材料选择合理、结构设计合理、有人性化的细节设计等；产品效果图、细节图和场景图效果好(不少于15张)，并有很强的视觉冲击力	
		良(10~15分)：设计方案创新性较强、功能尺寸合理、造型新颖、材料选择合理、结构设计合理、有人性化的细节设计等；产品效果图、细节图和场景图效果好(不少于10张)，并有较强的视觉冲击力	
		中(5~10分)：设计方案创新性一般、功能尺寸合理、造型新颖、材料选择合理、结构设计合理、有人性化的细节设计等；产品效果图、细节图和场景图效果较好(不少于10张)，并有一定的视觉冲击力	
		差(0~5分)：设计方案创新性不强、功能尺寸、造型设计、材料选择、结构设计等方面存在一定的问题；产品效果图、细节图和场景图效果一般(少于5张)	

（续）

序号	考核内容	技能考核标准	得分
4	生产组织（20分）	优(15~20分)：制订的工艺流程详细且合理，设备选择合理；产品三视图、剖面图和大样图等工艺图纸非常完整翔实且规范标准；产品下料单和五金明细表清晰准确	
		良(10~15分)：制订的工艺流程详细且合理，设备选择合理；产品三视图、剖面图和大样图等工艺图纸完整且规范标准；产品下料单和五金明细表清晰准确	
		中(5~10分)：制订了工艺流程，设备选择合理；有产品三视图、剖面图和大样图等工艺图纸；产品下料单和五金明细表比较清晰准确	
		差(0~5分)：在工艺流程制订、产品三视图、剖面图和大样图等工艺图纸的绘制方面存在一定的问题；有产品下料单和五金明细表，但存在问题	
5	营销策划（20分）	优(15~20分)：产品卖点清晰且有很强的吸引力；制订的营销策划方案详细且合理有效；营销手段操作性很强且有效	
		良(10~15分)：产品卖点清晰且有一定的吸引力；制订了详细的营销策划方案；营销手段操作性强	
		中(5~10分)：产品卖点清晰；有营销策划方案详细但不合理；营销手段可操作	
		差(0~5分)：产品卖点不清晰；无详细的营销策划方案或方案不合理；营销手段操作性不强	
总　分			

【巩固训练】

1. 结合具体的家具设计项目，讲述家具设计的原则。

2. 结合具体的家具设计项目，讲述家具设计的程序和内容。

任务 1-3　认识家具制作

【工作任务】

≫任务描述

通过介绍衣帽架的制作过程，掌握家具制作的基本知识。衣帽架由简单的几根圆木棍通过榫卯结构组成，成品整体简洁、优雅大方，竖杆采用"外八字"形制，样式优雅，也使衣帽架更加稳固。运用楔钉榫加强横杆的牢固度，利用木材应力加强竖杆的结构稳定。

≫任务分析

衣帽架高度约 162cm，方便挂取衣物的同时也更加人性化，虽然造型简单，却能够悬挂大量的衣物，节约大量的生活空间，秒变移动式家庭衣柜。产品三视图如图 1-45 所示。

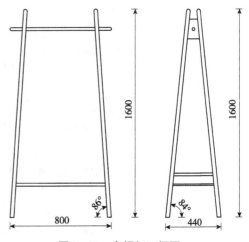

图 1-45　衣帽架三视图

1. 材料清单(表1-7、图1-46)

表1-7　材料清单

部件	数量(件)	长(mm)	宽(mm)	厚度(mm)	材料
腿	4	1605	30	30	实木
前后横枨	2	747	20	20	实木
左右横枨	2	354	20	20	实木
挂枨	2	800	22	22	实木
承重块	2	150	125	12	实木

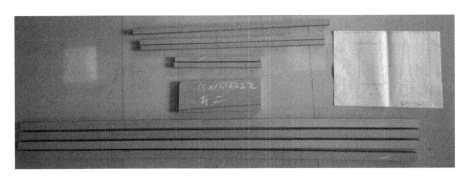

图1-46　衣帽架所用材料

2. 使用的设备及工具

设备：横截锯、推台锯、平刨、压刨、带锯、方钻机、倒装台铣机、手持打磨机。

防护工具：口罩、护目镜、耳塞、围裙、工装鞋。

工具：游标卡尺、T形画线卡尺、直角尺、活动角尺、铅笔、橡皮、放样图纸、三角板、纸胶带、双面胶、自攻螺丝，部分绘图工具如图1-47所示。

图1-47　工具

刀具：12mm铣刀、20mm铣刀、22mm铣刀、30mm铣刀、12mm圆角刀、20mm圆角刀、22mm圆角刀、30mm圆角刀。

夹具：快速夹、垫板一块、中密度纤维板一块(用于制作模具)。

【知识准备】

1. 配料

1）木材干燥

木材干燥是为了保证木材与木制品的质量和延长使用寿命，必须采取适当的措施使木材中的含水率降低到 8%～10%。没有干燥过的木材一般含水率在 50% 以上，干燥过后的木材不容易出现爆裂、变形等现象。木材干燥分为常规干燥、高温干燥、除湿干燥、太阳能干燥、真空干燥、高频干燥、微波干燥和烟气干燥等。实木干燥之后，自然放置几天，让木材材性恢复平衡。

2）选料配料

木制品按其部位可分为外表用料、内部用料和暗用料 3 种。外表用料指露在外面的材料，如写字台的台面、橱柜的可视部分等；内部用料指用在制品内部的材料，如内档、底板等；暗用料指在正常使用情况下看不到的零部件用料，如抽屉导轨、包镶板、内衬条等。选材时注意避免使用节疤、内裂、蓝变、腐朽、端裂的木料。

2. 毛料加工

（1）粗刨：给毛料板材定厚。

（2）风剪：修整毛料板材的长度。下料按所需长度加长 20mm。修边时截去毛料板材上不能用的毛边。

（3）配板：木料配板选材分直纹、山纹，颜色搭配要一致，配板宽度按所需宽度合理加放余量。选料时要把内裂、端裂、节疤、蓝变、腐朽部分取下。

（4）布胶：在木材之间均匀布胶，胶的配比按固化剂（10～15g）、拼板胶（100g）的比例，每次调胶 500g 左右。

（5）拼板：使用拼板机将木材进行拼装，拼板注意高低差、长短差、色差、节疤等。

（6）陈化：布胶完成的木材放置 2h 左右，让胶水凝固。

（7）砂光：刨去木材之间多余的胶水，使木材板面无多余胶水。

（8）锯切定宽：用单片锯给木材定宽。

（9）四面刨成型：根据需要的形状刨出木材。

（10）陈放：将木材自然放置 24h 左右，即可进行下一步操作加工。

3. 净料加工

（1）宽砂定厚：按要求砂至符合加工要求的尺寸，机械加工完成后进行抛光砂，粗砂一次砂 0.2mm，抛光砂一次砂 0.1mm。

（2）精切：给毛料定长，加工过程中要做到无崩茬、发黑现象，长与宽加工误差不超过 0.2mm，1m 以下板材对角线误差不超过 0.5mm，1m 以上板材对角线误差不超过 1mm。

（3）成型：根据图纸将木材加工成型。加工时不允许有崩茬、毛刺、跳刀和发黑现象，加工的部件表面应光滑、平整，线型流畅一致，加工前检查设备部件螺丝有无松动，模板是否安装规范，刀具是否装紧，加工过程中禁止顺刀进料，部件尺寸误差不超过 0.2mm。

（4）钻孔：按图纸的工艺要求钻孔，加工过程中要做到无崩口、无毛刺现象，孔位加工误差不超过 0.2mm，产品要做到配套钻孔，常试装、勤检查，确保产品的品质。

（5）配件栓砂：砂光配件，砂光好的成品应平整、无砂痕、边角一致。检查砂光前应先了解部件的使用位置，先补土后砂光。

4. 装配工艺

1) 部件组装(小组立)

组立不用再拆开的部件，组立前应先备料，把所有要组装的部件按图纸加工的要求检查无误，包括部件无崩口、毛刺、发黑现象。首件装好后在复尺与图纸工艺没有差错的情况下开始量装。组立过程中胶水须布涂均匀，组立好的半成品应无冒钉、漏钉现象，构件间结合严密，胶水要擦拭干净。

2) 成品组装(大组立)

检查试装部件与图纸是否存在误差，与小组立的区别在于大组立完成后的是成品。

5. 表面涂饰

1) 表面涂饰前准备

(1) 成品检砂：对将成品进行砂光，要做到平整、无砂痕、边角一致。

(2) 涂装上线检砂：将工件的表面重新打磨一遍，特别是木材表面的毛细纤维。同时检查产品本身缺陷是否已经处理好，如修补不良、砂光不良、开裂、变形等。

(3) 吹尘：将工件表面的灰尘吹干净。

2) 涂装

(1) 擦色：擦色剂由专业技术员调配后，需先试擦，确认擦色剂是否准确、适度(以色板为准，适当调节)。擦色前需先将擦色剂搅拌均匀，直到没有沉淀物为止，使用的毛刷必须先清洗干净，擦拭的布条必须为不掉色的布条。用毛刷均匀刷遍产品，不能有漏白的现象，再用布条快速地将擦色剂擦拭干净。检查产品是否有残留的擦色剂，是否有流挂、着色不均匀等现象。

(2) 底着色：根据色板的要求选用底色，将素材间的色差通过底色进行调整。

(3) 头度底漆：喷涂前需先将灰尘吹拭干净，检查擦色效果是否良好。头度底漆浓度为16s，喷涂厚度为一个十字。

(4) 干燥：喷涂完后待干6~8h。

(5) 清砂：先填补所有碰刮伤，再用320#砂纸轻轻砂一遍，主要是将喷漆后产品上所产生的毛刺砂掉。

(6) 二度底漆：喷涂前先将灰尘吹拭干净，底漆浓度为18s，厚度为一个十字。

(7) 干燥：喷涂完后待干6~8h。

(8) 清砂：先将有缺陷的地方填补到位，再用320#砂纸将油漆面打磨光滑、平整，漆面不能有较大的亮点。

(9) 三度底漆：喷涂前先将灰尘吹拭干净，底漆浓度为16s，厚度为一个十字。

(10) 干燥：喷涂完后待干6~8h。

(11) 清砂：用400#砂纸将漆面打磨光滑、平整，漆面不允许有亮点存在。

(12) 修色：修色前必须先检查产品是否是良品，产品上的灰尘和污染物需清理干净。由技术人员调配好颜色，再比照色板先修一个产前样，由现场主管确定颜色后方可作业。

(13) 油砂：修色后的产品须待干4~6h，再以800#砂纸将产品表面打磨光滑。打磨过程中要注意，防止打漏、色漆打花等现象。

（14）面漆：面漆前需先检查产品是否属于良品，产品表面是否光滑，表面灰尘和附着物须清理干净。面漆浓渡为 11～12s，厚度为一个十字。

（15）干燥：待干 4h。

6. 包装

（1）检验：

①目视　检查产品整体颜色搭配是否一致，不能有深浅不一的现象。在自然光下观看产品油漆面是否平整，是否有流挂，喷涂不匀，产生桔皮以及漏喷、雾白等现象。

②手摸　用手抚摸油漆面，检查表面是否光滑，是否有颗粒存在。用手感觉油漆的质感、手感是否良好。

（2）点色：对工件表面的瑕疵进行修补。

（3）吹尘：将工件表面的灰尘吹干净。

（4）包装：包装产品。

【任务实施】

1. 腿架加工

（1）裁基准料：先将腿的一端按照图纸所示角度进行切割，腿是双角度，注意修边，如图 1-48、图 1-49 所示。

图 1-48　腿部角度裁切　　　　　图 1-49　腿部角度裁切成品

（2）标记画线：将所切好的腿料按照制作方位合并摆放好，在顶端进行标记，方便后续的加工制作，如图 1-50 所示。

图 1-50　腿部标记

（3）榫眼划线：按照图纸所示，给相应的腿部画好榫眼的位置，并标明去除部分及加工尺寸，如图 1-51、图 1-52 所示。

图 1-51　承重块榫眼画线

图 1-52　横枨榫眼画线

（4）榫眼加工：按照刚刚在工件画的榫眼所示，使用打孔机进行打孔。选择 20mm 大小的打孔刀进行打孔，如图 1-53 至图 1-55 所示。需要注意的是：由于腿部携带角度，打孔的时候需要将工件垫高至所需的角度才能打孔。

图 1-53　将工件垫高至所需角度打孔

图 1-54　打孔

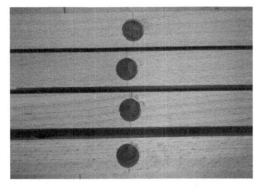

图 1-55　打好的榫眼

（5）承重块榫眼加工：按照刚刚在工件画的榫眼所示，使用台式铣机固定好深度进行铣槽。选择 12mm 大小的铣刀进行铣槽，如图 1-56、图 1-57 所示。

图 1-56　铣承重块榫眼　　　　　　图 1-57　铣好的承重块榫眼

2. 承重块加工

（1）裁切净料：先将一块木板裁切成两块净料（为提高安全和效率，开料时候可以将其开为两倍以上的料），然后使用横截锯将一端切齐，截面与相邻面呈 90°，最后按照料单裁出两块净料，如图 1-58 所示。

图 1-58　承重块裁切净料

（2）划线切角度：将裁切成两块的料按照图纸画好角度线，然后使用横截锯调节好所需的角度进行切割，如图 1-59、图 1-60 所示。

图 1-59　承重块划线及裁切　　　　　图 1-60　承重块的裁切

（3）倒圆：选择半径为 6mm 的倒圆刀进行加工，将按照图纸裁切成两块的料使用倒装铣机进行倒圆。注意：由于切了角度，且木材是在横截面倒圆，容易崩裂，所以需要使用一块辅助料在后面助推，如图 1-61、图 1-62 所示。

图 1-61　半径为 6mm 的倒圆刀　　　　　　图 1-62　承重块的倒圆

（4）打孔：按照图纸在两块承重块的中间进行划线打孔。注意：由于产品有角度，打孔的时候需要将工件垫高至所需的角度才能打孔。由于是透榫，打孔的时候底下要不留空隙，不然会崩裂，如图 1-63 所示。

3. 横枨加工

横枨的加工倒圆：由于前后左右的横枨都是直径为 20mm 的圆枨，所以可以在裁切好净料后一起加工倒圆，采用半径为 10mm 的倒圆刀进行倒圆。注意：由于产品携带角度，在横枨的切割中也需要调试好角度，如图 1-64、图 1-65 所示。

图 1-63　承重块打孔　　　　图 1-64　半径为 10mm　　　图 1-65　横枨的加工倒圆
　　　　　　　　　　　　　　　　的倒圆刀

4. 两侧试装及调校

试装是将所加工好的零部件试着进行组装；调校是看加工角度是否正确，如图 1-66 所示。注意：以构件之间的松紧度调至可用手拔起且轻微晃动不掉下来为准。

5. 腿架及挂枨倒圆

（1）腿架的倒圆：应选择半径为 15mm 的倒圆刀进行倒圆，如图 1-67、图 1-68 所示。注意：因为考虑到上个步骤试装后会有问题，为避免后续出现圆形构件不好修整等问题，腿架倒圆后要进行修整。

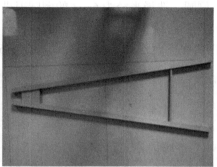

图 1-66 试装

图 1-67 半径为 15mm 的倒圆刀

图 1-68 腿架的倒圆

（2）挂枨的倒圆：更换选择半径为 11mm 的倒圆刀进行倒圆，如图 1-69、图 1-70 所示。

图 1-69 半径为 11mm 的倒圆刀

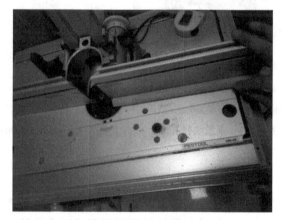

图 1-70 挂枨的倒圆

6. 部件打磨

使用电动打磨机配合 180#、240#、320# 的砂纸依次对构件进行打磨，可配合手工进行打磨，如图 1-71、图 1-72 所示。

图 1-71　承重块的打磨

图 1-72　其他构件的打磨

7. 整体试装及上胶

(1)试装：将所有的构件按照合理的组装顺序进行试装，如图 1-73、图 1-74 所示。

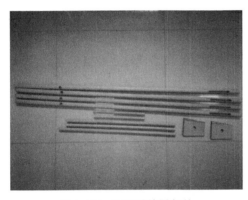

图 1-73　加工后的零部件

图 1-74　构件试装

(2)上胶：将所有的构件按照合理的组装顺序进行上胶并固定夹紧，静置 12h，让胶水完全固化，如图 1-75、图 1-76 所示。

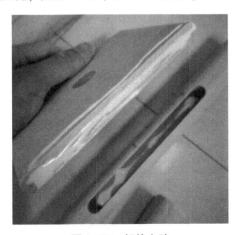

图 1-75　部件上胶

图 1-76　上胶后固定夹紧

8. 铲胶及打磨

(1)铲胶：将固化后溢出来的胶水用铲刀铲掉，如图 1-77 所示。

（2）打磨：将有毛刺的地方刮平，如图 1-78 所示。

图 1-77　铲胶　　　　　　　　　　　　　图 1-78　打磨

9. 后期处理

（1）上底漆与打磨：先擦底漆，因为擦拭底漆后家具上细小的木毛会显示出来，待底漆干了之后打磨去木毛，家具表面会更平整光滑。然后二次打磨，最后再上面漆，使木制品不易变形与发霉，更加结实耐用，如图 1-79 所示。

上完底漆放置待干后，再次打磨，如图 1-80 所示。

图 1-79　擦拭底漆　　　　　　　　　　图 1-80　打磨第一遍底漆

（2）上面漆：喷漆房内，将衣帽架放置在喷漆台上，在喷壶内装面漆，与产品保持一定的距离均匀喷洒后，静置 24h 以上，等待油漆干燥，如图 1-81 所示。

面漆干燥后，先后用 600# 砂纸和抛光棉依次将衣帽架打磨光滑，如图 1-82 所示。

图 1-81　上面漆　　　　　　　　　　图 1-82　面漆抛光棉打磨

如有必要，可重复以上操作步骤，以增加家具表面漆膜的厚度和光泽度。打磨完成，成品如图 1-83 所示。

图 1-83　成品

【注意事项】

衣帽架在制作时，需要对圆形构件的制作特别注意。

【考核评价】

序号	考核内容	考核点	得分
1	材料使用(10分)	合理选材，利用率高(5分)	
		合理避让木材缺陷(5分)	
2	加工质量(20分)	零部件尺寸偏差(8分)	
		加工缺陷(6分)	
		倒圆角和收腿(6分)	
3	作品装配质量(55分)	缝隙(10分)	
		牢固性与稳定性(10分)	
		外观质量(8分)	
		组装尺寸偏差(12分)	
		形状偏差(15分)	

（续）

序号	考核内容	考核点	得分
4	职业素养(15分)	工位卫生(2分)	
		工具、材料摆放(2分)	
		团队合作(2分)	
		工具使用(6分)	
		安全操作(3分)	
总　分			

【巩固训练】

结合具体的架类家具设计方案，完成架类家具的制作。

项目 2　家具设计

【学习目标】

>> **知识目标**

理解并掌握椅凳类家具、桌案类家具、柜架类家具、床榻类家具的设计发展历史、功能尺寸以及设计方法。

>> **能力目标**

能够进行椅凳类家具、桌案类家具、柜架类家具、床榻类家具的设计。

>> **素质目标**

培养学生的创新意识和创新思维。

任务 2-1　椅凳类家具的设计

【工作任务】

>> **任务描述**

设计椅凳类家具。

>> **任务分析**

按照市场调查—概念设计—设计展开—生产组织—营销策划 5 步进行设计。

【知识准备】

1. 中国传统椅凳类家具

汉代之前，人们没有坐具，通常采用的是以茅草、树叶、兽皮等制成的席子，席地而坐。这种状态一直持续到东汉末年，随着两汉时期各民族互通，一种形如马扎的坐具开始传到北方，并迅速在中原地带流行成为不可或缺的坐具。因为从西域传过来，所以当时称为胡床。胡床是一种高型坐具，后来的椅子就是在胡床的基础上发展而来的。在东汉末年，出现了一种称为"交椅"的轻便坐具。所谓交椅，是指前后两腿交叉，交接点作轴，可以折叠的椅子，和今天的马扎差不多。椅子的出现，使人们改变了席地而坐的习俗。到了唐代，有靠背的椅子才开始出现，这样，椅子才从胡床的名称中分离出来，直呼为椅子，开始在民间流行。

1）杌凳

"杌"字见《玉篇》"树无枝也"。从此义可以想到以"杌"作为坐具之名，是专指没有靠背的一类坐具，以别于有靠背的"椅"。在北方语言中，"杌"仍被大众使用，如称一般的凳子为"杌凳"，称小凳子为"小杌凳"等（图 2-1）。

圆凳，也叫圆杌，是一种杌和墩相结合的凳子。明代圆凳的造型略显敦实，四足、五足、六足、八足均有。做法一般与方凳相似，多有束腰。无束腰圆凳则在腿的顶端作榫，直接承托座面(图 2-2)。它和方凳的不同之处在于：方凳因受角的限制，面下都用四腿，而圆凳不受角的限制，最少三足，最多可达八足。圆凳一般形体较大，腿足成弧形，牙板随腿足彭出，足端削出马蹄，名曰鼓腿彭牙，下带圆环形托泥，使家具更为坚实牢固。

图 2-1　有束腰马蹄足罗锅枨长方凳　　　　　图 2-2　八足圆凳

2) 坐墩

坐墩也叫鼓墩、绣墩(由于其上多覆盖方丝绣织物而得名)。形圆，腹大，上下两端均小，外形像古代的鼓(图 2-3)。坐墩是古代一种常见的坐具，通常用草、藤、木、瓷、石等材料制成，形制一般有：座面采用攒框拼圆边，镶圆形板心采用落膛起鼓或落塘面的做法；座面边柜与托泥边框的外侧多保留着蒙钉皮革的鼓钉纹；开光边缘、开光和上下两圈鼓钉之间均装饰玄纹；底座与托泥常一木连做，下接小龟足。

3) 交杌

交杌即腿足相交的杌凳，俗称马扎，就是古代所谓的胡床(图 2-4)。由于它可以折叠，携带、存放都比较方便，所以千百年来被广泛使用。明式的交杌，最简单的只用 8 根直材构成，杌面穿绳索或皮革条带。比较精细的则施雕刻，加金属饰件，用丝绒等编织杌面，有的还带踏床。也有杌面用木棂造成，可以向上提拉折叠，它是交杌中的变体。

图 2-3　黄花梨拼木坐墩　　　　　图 2-4　黄花梨交杌

4）长凳

长凳是狭长无靠背坐具的统称，可分为 3 种：第一种是条凳，其大小长短不一致，是最常见的日用品，尺寸较小，面板厚寸许，多用柴木制成，通称"板凳"，北宋时已定型。尺寸稍大，面板较厚的，又称大条凳，除供坐人外，兼可承物。最为长大笨重，因放在大门道里使用而被称为"门凳"的，也可归入此类。第二种是二人凳，凳面宽于一般条凳，长三尺余，可容二人并坐，故名。第三种是春凳，长五六尺，宽逾二尺，可坐三五人，亦可睡卧，以代小榻，或陈置器物，功同桌案。南方、北方均称此为"春凳"（图 2-5），今取此作为宽大长凳的专用名称。

图 2-5　黄花梨罗锅枨春凳

5）椅子

王世襄先生在《明式家具研究》中写道："椅子是有靠背的坐具，式样和大小，差别甚大。除形制特大，雕饰奢华，成为尊贵的独坐而应称为'宝座'外，其余均入此类。"

（1）靠背椅：是只有靠背、没有扶手的椅子。靠背或由一根搭脑、两侧两根立柱和居中的靠背板构成，或由搭脑、立柱和多根木棂构成（图 2-6 至图 2-8）。进一步区分，又依搭脑两端是否出头来定名。

图 2-6　灯挂椅　　　　图 2-7　一统碑椅　　　　图 2-8　梳背椅

据传世实物及画本所见，在搭脑出头的靠背椅中，有一种面宽较窄、靠背比例较高、靠背板由木板造成的椅子，因其造型似南方挂在灶壁上用以承托油灯灯盏的竹制灯挂而得名，称为灯挂椅。灯挂椅是明代最为常见的椅子样式，也可以说是自五代和宋代以来的常见样式。椅背弯度小、搭脑不出头的靠背椅，形象有点像矗立的石碑，称为一统碑椅，而其中以直棍作靠背的，另有专门名称叫梳背椅。简而言之，靠背椅是一切有靠背无扶手椅子的统称，其中包括上述几种有专门名称的椅子。

（2）扶手椅：指既有靠背又有扶手的椅子。常见的形式有玫瑰椅、官帽椅和太师椅。官帽椅又有四出头官帽椅（图2-9）和南官帽椅（图2-10）之分。四出头官帽椅又称四出头扶手椅或北官帽椅。

①玫瑰椅　又称小姐椅，是古代小姐闺房的专用坐具。古代女子坐在此种椅子上，必须坐姿端正、腰背挺直，坐椅面外侧三分之一的位置。玫瑰椅的基本造型是：椅背较低，靠背高度与扶手高度相差无几（图2-11）。玫瑰椅的座面以上部分，独具特色，以秀美著称。靠背上大都有装饰，或用券口牙子，或用雕花板。在座面之上，大都设横枨。明代玫瑰椅，多为圆腿。方腿圆棱的玫瑰椅，多为清代作品。

图2-9　四出头官帽椅　　　图2-10　南官帽椅　　　图2-11　玫瑰椅

②官帽椅　因椅子造型酷似古代官员的官帽而得名，此种形式的椅具始于宋元明三个时期。四出头官帽椅因模仿宋代官帽的帽翅形态而得名。南官帽椅除了搭脑和扶手都不出头外，余者与四出头官帽椅相同。南官帽椅形成于明朝，是依据明朝官帽样式而设计制作的一种家具。

③太师椅　形成于宋代，是唯一一种以官职来命名的椅子（图2-12）。过去人们常说"稳坐太师椅"，指的就是这种椅子。

（3）圈椅：自五代《宫中图》和宋人画《会昌九老图》出现以后，到了明代又开始兴起。圈椅，俗称罗圈椅，就是言其搭脑与扶手形成一条流畅的曲线（图2-13）。这条曲线圆滑、流畅似罗圈，它的椅圈与元代的圈交椅相似，一条曲线构件顺势滑至前方，延伸出两只扶手。扶手两端或出头向外翻卷，或者不出头与鹅脖成为一个整体。

（4）交椅：是一种很古老的椅子，因椅子腿呈交叉状，故名交椅（图2-14）。交椅产生于唐代，流行于宋代。交椅可分为直后背和圆后背两种。交椅可以折合，便于携带。

图 2-12 太师椅

图 2-13 圈椅

图 2-14 交椅

（5）宝座：产生于唐朝皇宫，后于宋、元两朝完善并定型，在明朝进入鼎盛时期，古代为皇帝御制专用，是中国封建社会制度下的产物。宝座大多形体较大，座面以下的做法采用床榻做法，多用鼓腿彭牙、内翻马蹄的形式，突出其稳重大方、威严端庄的特点，多在宫廷中皇帝和后妃寝宫的正殿明间使用（图 2-15）。

2. 椅凳类家具的样式分析

椅凳类家具从传统的马扎、长条凳、板凳、坐墩、靠背椅、扶手椅、躺椅、折椅、圈椅，已经发展到了如今的具有高科技和先进工艺技术，运用复合材料设计制造的气动办公椅、电动汽车椅、全自动调控航空座椅等。

市场上的椅凳类家具的样式根据材料搭配，主要有以下 5 类：

（1）纯实木类：材料为纯实木，突出木材自然质感，结构一般为榫卯结构，部分采用仿木螺丝结构连接，凳面可设计成符合人体工程学的造型，市场上以简约北欧风格居多（图 2-16 至图 2-18）。

图2-15　宝座

图2-16　纯实木温莎椅

图2-17　纯实木凳

（a）

（b）

（c）

图2-18　细节设计

（a）椅面凹型设计；（b）榫卯结构；（c）仿木螺丝结构

（2）实木框架+软包、皮革、布艺、藤类、塑料、人造板等：实木框架为主体，通过座面选用不同材质，实现产品样式多元化（图2-19、图2-20）。

（3）纯人造板类：以胶合板为例，如图2-21所示。

（4）金属+软包、皮革、布艺、藤类、塑料、木质材料等：金属一般为不锈钢、铁、铝等，以金属框架为主体，通过变化座面和靠背的材质和色彩，实现产品样式多样化（图2-22、图2-23）。

图 2-19　牛角椅框架

图 2-20　牛角椅系列

图 2-21　胶合板座椅

图 2-22　金属框架+木塑复合材料家具

图 2-23　金属框架+皮革+软包座椅

（5）纯塑料类：注塑成型，色彩丰富，造型简约时尚，受现代年轻人喜爱（图 2-24、图 2-25）。

3. 椅凳类家具的基本功能要求与尺寸

椅凳类家具的使用范围非常广泛，以休息和工作两种用途为主，因此在设计时要根据不同用途进行相应的设计。

图2-24　塑料椅

图2-25　塑料凳

1）功能要求

（1）休息类椅凳的功能要求

对于休息类椅凳的设计要根据不同的需要做出相应的调整：如在公共场所使用，落座的人多且杂，更多的是考虑其耐久性及结构稳固性；如在家庭中使用，除了要考虑休息外，更多的是要考虑使用的舒适程度。休息类椅凳还要考虑椅凳的合理结构、造型以及座板的软硬程度。

（2）工作类椅凳的功能要求

对于工作类椅凳的设计要根据不同的需要做出相应的调整，如短时间工作使用，更多的是要考虑造型和软硬舒适程度；如长时间工作使用，除了要考虑座板的软硬舒适程度外，还要考虑靠背的形状和角度，要使工作者保持旺盛的工作精力。

2）尺寸

（1）椅子尺寸：

①扶手椅尺寸　如图2-26所示、见表2-1。

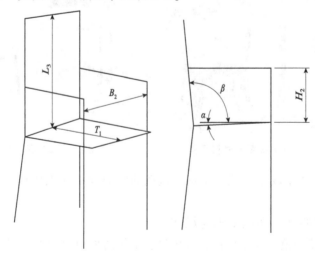
图2-26　扶手椅尺寸示意图

表 2-1　扶手椅尺寸

扶手内 B_2(mm)	座深 T_1(mm)	扶手高 H_2(mm)	背长 L_2(mm)	尺寸极差 ΔS(mm)	背斜角 β	座斜角 α
≥460	400~440	200~250	≥275	10	90°~100°	1°~4°

②靠背椅尺寸　如图 2-27 所示、见表 2-2。

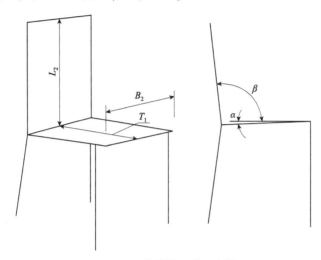

图 2-27　靠背椅尺寸示意图

表 2-2　靠背椅尺寸

座前宽 B_3(mm)	座深 T_1(mm)	背长 L_2(mm)	尺寸极差 ΔS(mm)	背斜角 β	座斜角 α
≥380	340~420	≥275	10	95°~100°	1°~4°

③折叠椅尺寸　如图 2-28 所示、见表 2-3。

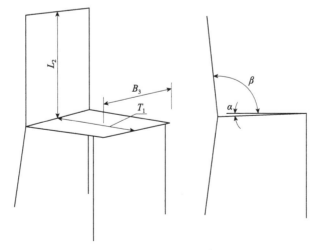

图 2-28　折椅尺寸示意图

表 2-3　折椅尺寸

座前宽 B_3(mm)	座深 T_1(mm)	背长 L_2(mm)	尺寸极差 ΔS(mm)	背斜角 β	座斜角 α
340~400	340~400	≥275	10	100°~110°	3°~5°

（2）凳类尺寸：

①长方凳尺寸　如图 2-29 所示、见表 2-4。

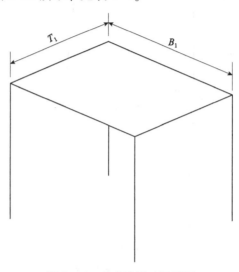

图 2-29　长方凳尺寸示意图

表 2-4　长方凳尺寸

mm

凳面宽 B_1	凳面深 T_1	尺寸极差 ΔS
≥320	≥240	10

②方凳、圆凳尺寸　如图 2-30 所示、见表 2-5。

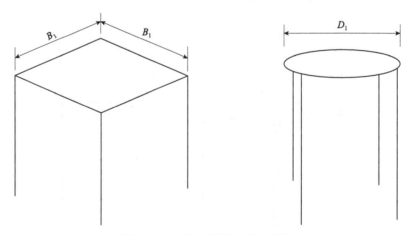

图 2-30　方凳、圆凳尺寸示意图

表 2-5　方凳、圆凳尺寸　　　　　　　　　　　　　　　　　　　　　　mm

边长 B_1 或直径 D_1	尺寸极差 ΔS
≥260	10

4. 椅凳类家具的创意设计

1) 回收塑料垃圾制成的 3D 打印家具

比利时设计师、艺术家 Joachim Froment 在他的最新可持续家具系列作品中使用塑料垃圾作为原材料。作品采用当地回收塑料，将其 3D 打印成座椅和座凳（图 2-31）。全系列作品包含坐凳、休闲椅以及多款其他家具。设计师的目的是采用当地回收的材料制作产品，再将产品在当地市场出售，同时提供回收产品服务，从而为人们提供可彻底循环利用的家具。

图 2-31　3D 打印家具

2) 插槽凳子

插槽凳子是一对可以轻松进行组装和拆卸的装卸式坐凳，由 4 个单独的组件组成，即管状支柱、皮革面料、覆盖物和锥形胡桃榫钉。设计建立在 DIY 的审美基础之上，通过使用一系列的配套零件，即可组装成俏皮而不失现代感的家具作品。每张凳子都由张力绳索进行维系，绳索使包裹座面的特制皮革交错相连。锥形榫钉可以轻松插入各个支柱的底座，与管状部件的荧光橙色形成鲜明对比（图 2-32）。

图 2-32　插槽凳子

【任务实施】

第一步：根据工作任务进行小组分工，3个人一组，组长1名，成员2名，组长负责制订实施计划和设计方案PPT汇报，成员负责资料的搜集和PPT制作。

第二步：以椅凳类家具为对象进行调研，通过调查研究形成调研报告。

第三步：围绕调研报告进行概念设计，完成概念设计草图不少于3份。

第四步：围绕概念定位展开设计，从功能、造型、材料和结构等设计要素进行展开，完成产品效果图和细节图的绘制。

第五步：绘制产品三视图、零部件图、剖面图以及大样图等工艺文件，制订产品下料单和五金明细表，制订产品工艺流程。

第六步：围绕产品概念进行营销方案的制订。

第七步：按小组进行设计方案汇报，教师和各小组组长担任评委进行评分。

第八步：教师对整个任务进行总结。

【考核评价】

序号	考核内容	技能考核标准	得分
1	市场调研 （20分）	优（15~20分）：调研报告完整翔实，调研方法的选择合理且不少于3种，采用了定性和定量的分析方法并形成了完整翔实的调研报告，对后续的设计有非常强的指导性	
		良（10~15分）：调研报告完整，调研方法的选择合理，采用了定性和定量的分析方法并形成了完整的调研报告，对后续的设计有很强指导性	
		中（5~10分）：调研报告基本完整，调研方法的选择合理，采用了定性和定量的分析方法并形成了完整的调研报告，对后续的设计有一定的指导性	
		差（0~5分）：调研报告不完整，调研方法的选择不合理，对后续的设计指导性不强	
2	概念设计 （20分）	优（15~20分）：概念围绕"人、事、物（家具）"三者之间的关系进行设计，创新性强，有很强的突破性，形成了大量的概念创意草图（不少于15张），草图表达清晰完整，并有很强的视觉冲击力	
		良（10~15分）：概念围绕"人、事、物（家具）"三者之间的关系进行设计，创新性强，有很强的突破性，绘制了大量的概念创意草图（不少于10张），草图表达清晰完整，并有很强的视觉冲击力	
		中（5~10分）：概念围绕"人、事、物（家具）"三者之间的关系进行设计，有一定的创新性，绘制了概念创意草图（不少于5张），草图表达清晰完整，并有一定的视觉冲击力	
		差（0~5分）：概念未围绕"人、事、物（家具）"三者之间的关系进行设计，创新性不强，绘制了概念创意草图（少于5张），草图表达差	

（续）

序号	考核内容	技能考核标准	得分
3	设计展开 （20分）	优（15~20分）：设计方案创新性强、功能尺寸合理、造型新颖、材料选择合理、结构设计合理、有人性化的细节设计等；产品效果图、细节图和场景图效果好（不少于 15 张），并有很强的视觉冲击力	
		良（10~15分）：设计方案创新性较强、功能尺寸合理、造型新颖、材料选择合理、结构设计合理、有人性化的细节设计等；产品效果图、细节图和场景图效果好（不少于 10 张），并有很强的视觉冲击力	
		中（5~10分）：设计方案创新性一般、功能尺寸合理、造型新颖、材料选择合理、结构设计合理、有人性化的细节设计等；产品效果图、细节图和场景图效果较好（不少于 10 张），并有一定的视觉冲击力	
		差（0~5分）：设计方案创新性不强、功能尺寸、造型设计、材料选择、结构设计等方面存在一定的问题；产品效果图、细节图和场景图效果一般（少于 5 张）	
4	生产组织 （20分）	优（15~20分）：制订了详细的工艺流程且合理，设备选择合理；有非常完整翔实的产品三视图、剖面图和大样图等工艺图纸且规范标准；产品下料单和五金明细表清晰准确	
		良（10~15分）：制订了详细的工艺流程且合理，设备选择合理；有完整的产品三视图、剖面图和大样图等工艺图纸且规范标准；产品下料单和五金明细表清晰准确	
		中（5~10分）：制订了工艺流程，设备选择合理；有产品三视图、剖面图和大样图等工艺图纸；产品下料单和五金明细表清晰准确	
		差（0~5分）：在工艺流程制订、产品三视图、剖面图和大样图等工艺图纸的绘制方面存在一定的问题，有产品下料单和五金明细表但存在问题	
5	营销策划 （20分）	优（15~20分）：产品卖点清晰且有很强的吸引力；制订了详细的营销策划方案且合理有效；营销手段操作性很强且有效	
		良（10~15分）：产品卖点清晰且有一定的吸引力；制订了详细的营销策划方案；营销手段操作性强	
		中（5~10分）：产品卖点清晰；有营销策划方案详细但不合理；营销手段可操作	
		差（0~5分）：产品卖点不清晰；无详细的营销策划方案或方案不合理；营销手段操作性不强	
	总　分		

【巩固训练】

结合具体的家具设计项目的要求，开展椅凳类家具的设计。

任务2-2　桌案类家具的设计

【工作任务】

>>**任务描述**

设计桌案类家具。

>>**任务分析**

按照市场调查—概念设计—设计展开—生产组织—营销策划5步进行设计。

【知识准备】

1. 中国传统桌案类家具

桌，在古代也写作"卓"，取其高而直立之意，是一种上有方形、长方形、圆形等形状的桌面，下有腿足的家具。按形制来分，有方桌、长桌、圆桌、半桌等。按用途来分，则有供桌、炕桌、琴桌、棋桌、茶桌、酒桌和书桌等。在应用上，也没有特别严格的礼制要求，而是上至达官贵族，下至黎民百姓，均有所见。

案和桌在形制上有本质区别。一般来讲，腿的位置决定了其名称。腿的位置从抹头缩进来一部分为案，腿的位置位于四角为桌。除了形制上的区别，桌与案更重要的区别在于精神层面，案的等级比桌高(图2-33)。宋代及以后，桌的实用功能高于陈设功能。

按用途来分，案有食案、书案、奏案、毡案、欹案。宋代的案在功能上呈现出多样性，如画案、供案、书案、棋案、柜案、食案、花案和办公案等，堪称形形色色。

图2-33　案

　　几与案形制不同，长短大小相差无几，但多呈长条形(图 2-34)。几是古代人们坐时依凭的家具，案是人们进食、读书、写字时使用的家具，这些家具的形式在很早以前就已经拥有特定的制式了。案几的出现受到了唐代"燕几"的启发，并随着使用的要求有所改变而成。燕几是唐代创制的专用于宴请宾客的几案，其特点是可以随宾客人数多少而任意分合。

图 2-34　几

　　总而言之，桌是日常常用的家具，案是在隆重的场合使用的家具，而几则是在休闲的场合使用的家具。几类家具是最简单和原始的，桌案类家具实则是几类家具在造型和功能性上的发展和演变。常见的几种桌、案、几如下：

　　(1)炕桌、炕几、炕案：这是 3 种在炕上使用的矮形家具(图 2-35 至图 2-37)。它们的差异是：炕桌有一定的宽度，纵横之比约为 3∶2，多在床上或炕上使用，侧端贴近床沿或炕沿，居中摆放，以便两旁坐人。北方家庭有时也将炕桌移至室内地上或院内，坐在小凳或马扎上就着炕桌吃饭，因而炕桌在北方又有"饭桌"之称。炕几与炕案较窄，通常顺着墙壁放在炕的两头，上面可以摆陈设或用具。

　　(2)方桌：是四边长度相等的桌子，古时主要摆放在客厅正堂朝南位置，桌后配供案或供桌(图 2-38)。一般有大、中、小 3 种尺寸。大的称为八仙桌，可坐 8 人，八仙桌在形制上尤其是对桌子边长有严格的等级制度；小的称为四仙桌，可坐 4 人。

　　(3)圆桌：是厅堂中常用的家具，一张圆桌和 5 个圆凳组成一套，陈设在厅堂正中，颇显典雅(图 2-39)。圆桌一般情况下属于活动性家具，常用以临时待客、家庭宴饮(但不用于重要的礼遇接待)。因此，这种圆桌大多为组合式，使用时组装起来，用毕再拆开加以保存。圆形和月牙形(半月台)是两种常见的圆桌类型。

图 2-35 炕几   图 2-36 炕桌

图 2-37 炕案

图 2-38 方桌

图 2-39 圆桌

（4）月牙桌（又称半圆桌）：两片拼合的圆桌通常称为月牙桌（图 2-40）。因为它合起来似一轮圆月，分开却像月牙两半而得名。而由于它是由两个半圆拼成的，所以也叫半圆桌。月牙桌灵活、秀气，平时可分开对称摆放，多在寝室和较小的场所使用。可靠墙或临窗，上置花瓶、古董等陈设，别有一番风味。月牙桌节约空间，搬动时尤为方便。

图 2-40　月牙桌

（5）画桌、画案、书桌、书案、琴桌：其用途大多与文人雅士有关，相比供桌案和方桌更加文雅，这类家具与以摆放物品为主的桌案类家具有一定的区别，和椅类家具搭配摆放的多些，是供人作画、看书、写字与办公的家具（图 2-41、图 2-42）。

图 2-41　画桌　　　　　　　　　　图 2-42　画案

2. 桌案类家具的样式分析

桌案类家具是与人类工作方式、学习方式、生活方式直接发生关系的家具，其高底宽窄必须与坐卧类家具配套设计，有一定的尺寸要求。随着生活形式的转变，案类家具在日常生活中的受众减少，目前，在使用上可分为桌与几两类，桌类较高，几类较矮。桌类有写字台、抽屉桌、会议桌、课桌、餐台、实验台、电脑桌、游戏桌等；几类有茶几、条几、花几、炕几等。

在市场上，桌几类家具的样式可按照使用场所分为住宅类和办公类。

（1）住宅类：包括餐桌（台）、茶几（台）、书桌、梳妆台、边桌等（图 2-43 至图 2-52）。

（2）办公类：包括办公桌、会议桌、办公电脑桌、洽谈桌等（图 2-53 至图 2-56）。

图2-43　美式餐桌

图2-44　轻奢长餐桌

图2-45　中式圆形餐台

图2-46　轻奢茶几

图2-47　美式茶几

图2-48　中式茶台

图2-49　儿童学习桌

图2-50　电脑桌

图 2-51　书桌

图 2-52　边桌(几)

图 2-53　办公桌(台)

图 2-54　会议桌

图 2-55　办公电脑桌

图 2-56　洽谈桌

3. 桌类家具的基本功能要求与尺寸

1）功能要求

（1）坐式用桌的基本功能要求

桌面高度：桌子的高度与人体动作的肌体形状及疲劳有密切的关系。经测试，过高的桌子容易造成脊椎侧弯和眼睛近视。桌子过高还会引起耸肩、肘低于桌面等不正确姿势，以致肌肉紧张、疲劳。桌子过低也会使人体脊椎弯曲扩大，造成驼背、腹部受压，妨碍呼吸和血液循环，造成背肌的紧张收缩等，易引起疲劳。因此，正确的桌面高度应该与椅面高度保持一定的尺度配合关系，即桌面与椅面的高差在 250~320mm，桌面高度在 680~760mm。

根据人体的不同情况，椅面与桌面的高差值可有适当的变化。如在桌面上书写时，高差 = 1/3 坐姿上身高−20~30mm，学校的课桌与椅面的高差 = 1/3 坐姿上身高−10mm。

桌面高可分为 700mm、720mm、740mm、760mm 等规格。在实际应用时，可根据不同的使用特点酌情增减。如设计中餐桌时，考虑到中餐进餐的方式，餐桌可高一点；如设计西餐桌，要考虑使用刀叉的便捷性，将餐桌高度降低一些。

桌面的宽度和深度应以入座时手可达到的水平工作范围以及桌面可能放置的物品的类型为基本依据。如果使用者有多功能需求或工作时需配备其他物品，还要在桌面上增添附加装置。阅览桌、课桌的桌面最好有约 15° 的倾斜，这样能使人获得舒适的视域和保持身体正确的姿势。但在倾斜的桌面上，除了放置书本外，不宜放置其他易滑落的物品。

（2）立式用桌的基本功能要求

立式用桌主要是指售货柜台、营业柜台、讲台、服务台及各种工作台等。站立时使用的台桌高度是根据人体站立姿势的屈臂自然垂下的肘高来确定的。按照我国人体的平均身高，立式用桌高度以910~965mm为宜。若是需要用力工作的操作台，其台面可以降低20~50mm。

立式用桌的桌面尺寸主要是依桌面放置物品的状况及室内空间和布置形式而定，没有统一的规定，需要根据不同的使用功能做专门设计。

立式用桌的下部不需要留出容膝空间，因此桌的下部通常可配置储藏柜，但立式用桌的底部需要设置容足空间，以利于人体靠紧桌子。这个容足空间是内凹的，高度为80mm，深度在50~100mm。

2) 尺寸

(1) 双柜桌：双柜桌的两侧柜体可以是连体或组合式，尺寸示意图及相应取值范围如图2-57所示、见表2-6。

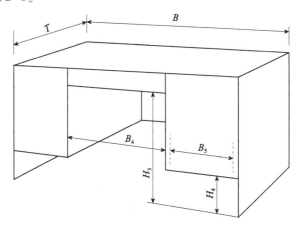

图 2-57　双柜桌尺寸示意图

表 2-6　双柜桌功能尺寸　　　　　　　　　　　　　　　　　mm

宽 B	深 T	宽度极差 ΔB	深度极差 ΔT	中间净空高 H_3	柜脚净空高 H_4	中间净空宽 B_4	侧柜抽屉内宽 B_5
1200~2400	600~1200	100	50	≥580	≥100	≥520	≥230

(2) 单柜桌：单柜桌的侧柜体可以是连体或组合式。尺寸如图2-58所示、见表2-7。

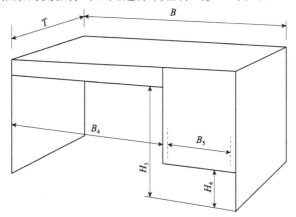

图 2-58　单柜桌尺寸示意图

表 2-7　单柜桌尺寸 　　　　　　　　　　　　　　　　mm

宽 B	深 T	宽度极差 ΔB	深度极差 ΔT	中间净空高 H_3	柜脚净空高 H_4	中间净空宽 B_4	侧柜抽屉内宽 B_5
900～1500	500～750	100	50	≥580	≥100	≥520	≥230

（3）单层桌：尺寸如图 2-59 所示、见表 2-8。

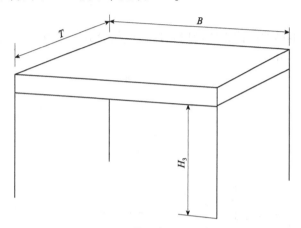

图 2-59　单层桌尺寸示意图

表 2-8　单层桌尺寸表　　　　　　　　　　　　　　　　mm

高 B	深 T	宽度极差 ΔB	深度极差 ΔT	中间净空高 H_3
900～1200	450～600	100	50	≥580

（4）梳妆桌：尺寸如图 2-59 所示、见表 2-9。

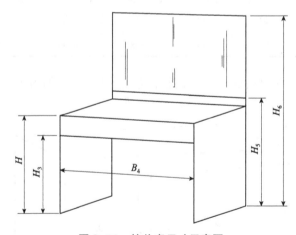

图 2-60　梳妆桌尺寸示意图

表 2-9　梳妆桌尺寸　　　　　　　　　　　　　　　　mm

桌面高 H	中间净空高 H_3	中间净空宽 B_4	镜子上沿离地面高 H_6	镜子下沿离地面高 H_5
≤740	≥580	≥500	≥1600	≤1000

（5）餐桌：

①长方桌　尺寸如图 2-61 所示、见表 2-10。

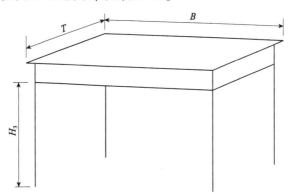

图 2-61　长方桌尺寸示意图

表 2-10　长方桌尺寸　　　　　　　　　　　　　　　　　　　　mm

宽 B	深 T	宽度极差 ΔB	深度极差 ΔT	中间净空高 H_3
900~1800	450~1200	50	50	≥580

②方桌、圆桌　尺寸如图 2-62 所示、见表 2-11。

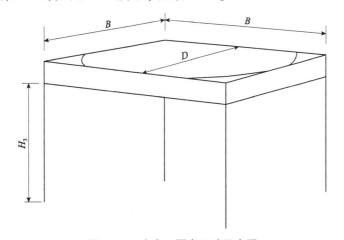

图 2-62　方桌、圆桌尺寸示意图

表 2-11　方桌、圆桌尺寸　　　　　　　　　　　　　　　　　　mm

桌面宽（或直径）B（或 D）	中间净空高 H_3
600、700、750、850、900、1000、1200、1350、1500、1800（其中方桌边长≤1000）	≥580

4. 桌案类家具的创意设计

1）纸桌

废弃的纸浆经过固化处理成为坚固材质，其强度达到板材，且具备可塑性，将其塑为三维曲面，形成作品最初的构想。纸浆的属性在这里发生相应的转变，软、轻、薄变为硬、韧、厚，而后改变了属性的纸桌面代替了木制桌面，形态柔软而内在坚固，虽名为纸桌，视觉判断与内在不同却构成此作品的综合体，从而重新判断和界定其产品属性。纸桌不同于普通桌子的特殊之处在于挖掘纸的特殊属性，将其设计为波浪起伏的造型，定义其功能为睡觉、小憩，桌面曲线符合人体工程学的曲度变化，设计为适合人体趴靠在桌面上的体态轮廓，同时也可以正常使用(图 2-63)。

2）书桌——办公展示两不误

该书桌的设计既保持了私密性，同时又将使用者珍视的物品和工具展露在外(图 2-64)。设计师力图创造出一个能够与使用者的品质互动的空间，重新诠释了书桌的概念，用现代风格加入了玻璃展示柜的元素。该款书桌外形优雅、用料考究，也适合在家庭中使用。

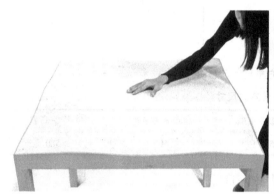 

图 2-63　纸桌的设计　　　　　　图 2-64　书桌的设计

5. 挂衣架系列家具

巴塞罗那设计师 Federica Sala 打造了一个名为"hometto"的挂衣架系列家具，弯曲修长的挂衣架线条拼接组合，共同形成了该系列产品外形最显著的特征(图 2-65)。设计师用不同的拼装方式，将多个木质挂衣架组装成 3 款家具，均呈现出十分有趣的当代风格。其中，"钻石"和"星星"两款产品主要用作小型咖啡桌或边桌，而"大树"则用作摆放需要额外垂挂空间的置物架。3 款家具的顶面有镜面、玻璃和木板 3 种材质可供选择。该系列全套 3 款家具均为纯手工打造和涂漆，并且可以根据要求为客户提供定制服务。

【任务实施】

第一步：根据工作任务进行小组分工，3 个人一组，组长 1 名，成员 2 名，组长负责制订实施计划和设计方案 PPT 汇报，成员负责资料的搜集和 PPT 制作。

第二步：以桌案类家具为对象进行调研，通过调查研究形成调研报告。

第三步：围绕调研报告进行概念设计，完成概念设计草图不少于 3 份。

第四步：围绕概念定位展开设计，从功能、造型、材料和结构等设计要素进行展开，完成产品效果图和细节图的绘制。

第五步：绘制产品三视图、零部件图、剖面图以及大样图等工艺文件，制订产品下料单和五金明细表，制订产品工艺流程。

第六步：围绕产品概念进行营销方案的制订。

第七步：按小组进行设计方案汇报，教师和各小组组长担任评委进行评分。

第八步：教师对整个任务进行总结。

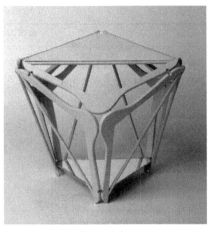　　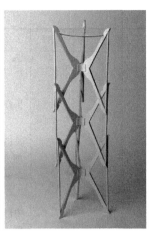

"钻石" 边桌　　　　　　　"星星" 咖啡桌　　　　　　"大树" 置物架

图 2-65　挂衣架系列家具

【注意事项】

设计过程，要围绕"人、事、物(家具)"三者之间的关系进行设计。

【考核评价】

序号	考核内容	技能考核标准	得分
1	市场调研 (20分)	优(15~20分)：调研报告完整翔实，调研方法的选择合理且不少于 3 种，采用了定性和定量的分析方法并形成了完整详实的调研报告，对后续的设计有非常强的指导性	
		良(10~15分)：调研报告完整，调研方法的选择合理，采用了定性和定量的分析方法并形成了完整的调研报告，对后续的设计有很强指导性	
		中(5~10分)：调研报告基本完整，调研方法的选择合理，采用了定性和定量的分析方法并形成了完整的调研报告，对后续的设计有一定的指导性	
		差(0~5分)：调研报告不完整，调研方法的选择不合理，对后续的设计指导性不强	
2	概念设计 (20分)	优(15~20分)：概念围绕"人、事、物(家具)"三者之间的关系进行设计，创新性强，有很强的突破性，形成了大量的概念创意草图(不少于 15 张)，草图表达清晰完整，并有很强的视觉冲击力	
		良(10~15分)：概念围绕"人、事、物(家具)"三者之间的关系进行设计，创新性强，有很强的突破性，绘制了大量的概念创意草图(不少于 10 张)，草图表达清晰完整，并有很强的视觉冲击力	
		中(5~10分)：概念围绕"人、事、物(家具)"三者之间的关系进行设计，有一定的创新性，绘制了概念创意草图(不少于 5 张)，草图表达清晰完整，并有一定的视觉冲击力	
		差(0~5分)：概念未围绕"人、事、物(家具)"三者之间的关系进行设计，创新性不强，绘制了概念创意草图(少于 5 张)，草图表达差	

(续)

序号	考核内容	技能考核标准	得分
3	设计展开 (20分)	优(15~20分)：设计方案创新性强、功能尺寸合理、造型新颖、材料选择合理、结构设计合理、有人性化的细节设计等；产品效果图、细节图和场景图效果好(不少于15张)，并有很强的视觉冲击力	
		良(10~15分)：设计方案创新性较强、功能尺寸合理、造型新颖、材料选择合理、结构设计合理、有人性化的细节设计等；产品效果图、细节图和场景图效果好(不少于10张)，并有很强的视觉冲击力	
		中(5~10分)：设计方案创新性一般、功能尺寸合理、造型新颖、材料选择合理、结构设计合理、有人性化的细节设计等；产品效果图、细节图和场景图效果较好(不少于10张)，并有一定的视觉冲击力	
		差(0~5分)：设计方案创新性不强、功能尺寸、造型设计、材料选择、结构设计等方面存在一定的问题；产品效果图、细节图和场景图效果一般(少于5张)	
4	生产组织 (20分)	优(15~20分)：制订了详细的工艺流程且合理，设备选择合理；有非常完整翔实的产品三视图、剖面图和大样图等工艺图纸且规范标准；产品下料单和五金明细表清晰准确	
		良(10~15分)：制订了详细的工艺流程且合理，设备选择合理；有完整的产品三视图、剖面图和大样图等工艺图纸且规范标准；产品下料单和五金明细表清晰准确	
		中(5~10分)：制订了工艺流程，设备选择合理；有产品三视图、剖面图和大样图等工艺图纸；产品下料单和五金明细表清晰准确	
		差(0~5分)：在工艺流程制订、产品三视图、剖面图和大样图等工艺图纸的绘制方面存在一定的问题，有产品下料单和五金明细表但存在问题	
5	营销策划 (20分)	优(15~20分)：产品卖点清晰且有很强的吸引力；制订了详细的营销策划方案且合理有效；营销手段操作性很强且有效	
		良(10~15分)：产品卖点清晰且有一定的吸引力；制订了详细的营销策划方案；营销手段操作性强	
		中(5~10分)：产品卖点清晰；有营销策划方案详细但不合理；营销手段可操作	
		差(0~5分)：产品卖点不清晰；无详细的营销策划方案或方案不合理；营销手段操作性不强	
总　分			

【巩固训练】

结合具体的家具设计项目的要求，开展桌案类家具的设计。

任务 2-3　柜架类家具的设计

【工作任务】

>> **任务描述**

柜架类家具的设计。

>> **任务分析**

按照市场调查—概念设计—设计展开—生产组织—营销策划 5 步进行设计。

【知识准备】

1. 中国传统柜架类家具

柜子最早出现于夏商时期，古时的"柜"，并非我们今天所见之柜，倒很像我们现在所见的箱子，而古代的"箱"，则是专指室内存放东西的地方。到了汉代，才有了区别于现今所谓"箱"的小柜子，到了唐代，就有了较大的柜，能放置多件物品。宋代开始，已有专用的书柜，柜身呈方形，正面对开两门，内装两屉分为三格物。一直到明代之后，才创造出许多柜架类的新品种来。

中国传统柜架类家具大致可分为架格、亮格柜、圆角柜、方角柜 4 类。

（1）架格：就是以立足为四足，去横板将空间分割成几层，用以陈置、存放物品的家具（图 2-66）。其功能主要是存放物品，有些依据书体规格制造的称为书格或书架。明式架格一般高五六尺（1 尺≈0.3m），依其面宽安装通长的格板，每格或完全空敞，或安券口，或安护栏，或安透棂。架格上安抽屉，多放在便于开关处。

图 2-66　架格

（2）亮格柜：是明式家具中较为典型的一种书房内常用家具，集柜、橱和格3种形式于一体。通常上层是没有门的格架，齐人肩或稍高，用以陈放古董玩器，便于欣赏；下层为对开柜，用以存放书籍，中间平添2~3个抽屉，又有橱的功能（图2-67）。

图2-67 亮格柜

（3）圆角柜：按柜顶转角为圆或方来界定圆角柜、方角柜。从结构来看，柜角之所以有圆有方，是由有柜帽和无柜帽来决定的。圆角柜无论大小，底枨下多安牙条、牙头，造法或光素，或起线，或雕花，或锼出半个云纹，做法不一（图2-68）。

图2-68 圆角柜

（4）方角柜：基本造型与圆角柜相同，不同之处是柜体垂直，四条腿全用方料制作，没有侧脚，一般与柜体以合页结合。方角柜的形体一般是上下同大，四角见方。柜顶没有柜帽，故不喷出，四角交接为直角，且柜体上下垂直，柜门采用明合页构造（图2-69）。

2. 柜架类家具样式分析

柜架类家具也称为储藏家具，在使用上分为柜和格架两大类；在造型上分为封闭式、

图 2-69 方角柜

开放式、综合式 3 种形式；在类型上分为固定式和移动式两种基本类型。柜架类家具有衣柜、书柜、五屉柜、餐具柜、床头柜、电视柜、高柜、吊柜等。格架类有衣帽架、书架、花架、博古陈列架、隔断架、格风等。在现代建筑室内空间设计中，逐渐地把柜架类家具与分隔墙壁结合成一个整体（图 2-70 至图 2-78）。

图 2-70 对开式衣柜　　　　图 2-71 推拉式衣柜　　　　图 2-72 顶箱式衣柜

图 2-73 复古电视柜　　　　图 2-74 现代电视柜　　　　图 2-75 轻奢电视柜

图 2-76　博古架

图 2-77　组合书柜

图 2-78　餐边柜

3. 柜架类家具的基本功能要求与尺度

1) 柜架类家具与存放物的关系

柜架类家具作为收纳类的主要家具，其最直接、最根本的功能是实现物品科学、合理的收纳。一方面要考虑柜架类家具的尺寸与所存放物品的类别与存放方式相符；另一方面还要考虑柜架类家具与人体尺度的关系，要设计科学的存取尺寸，方便人拿取物品。

家庭中的生活用品是多样的，它们尺寸不一、形态各异，要做到有条不紊、分门别类地存放，促进生活安排的条理化，从而达到优化室内环境的目的。

2) 柜架类家具与人体尺度的关系

我国的国家标准规定柜子限高为 1850mm。在 1850mm 以下的范围内，根据人体动作行为和使用的舒适性及便捷性，一般可划分为两个区域：第一个区域以人的肩关节为轴，以上肢半径为活动范围，高度在 650~1850mm，是存取物品最方便、使用频率最高的区域，也是人的视线最易看到的区域。第二个区域是人站立时手臂自然下垂，指尖至地面的垂直距离，即离地高度 650mm 以下的区域，该区域存储不便，需要蹲下操作，用来存放较重而不常用的物品。若需扩大储存空间，节约占地面积，则可设置第三个区域，即柜的最大高度 1850mm 以上的区域，用来存放较轻的物品。

在上述储存区域内根据人体动作范围及储存物品的种类，可以设置搁板、抽屉、挂衣棍等。在设置搁板时，搁板的深度和间距除了考虑物品存放方式以及物体的尺寸外，还需要考虑人的视线。搁板间距越大，人的视域越好，但空间浪费较多，所以设计时要统筹考虑。而柜架类家具的深度和宽度，是由存放物品的种类、数量、存放方式以及室内空间布局等因素来确定的，在一定程度上还取决于板材尺寸的合理裁切及家具设计系列的模式化。

3) 柜架类家具的主要尺寸

(1) 离地尺寸：亮脚产品底部离地面净高(H_1)不小于 100mm，围板式底脚(包脚)产品的柜体底面离地面高(H_3)不小于 50mm。

(2) 衣柜：

①柜内空间尺寸如图 2-79 所示、见表 2-12。

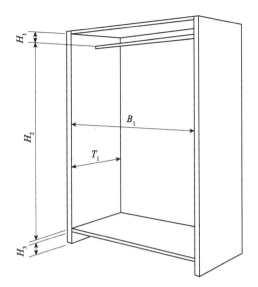

图 2-79　柜内空间尺寸示意图

表 2-12　柜内空间尺寸　　　　　　　　　　　　　　　　　　mm

柜体空间深		挂衣棍上沿至顶板内表面距离 H_1	挂衣棍上沿至底板内表面间距离 H_2	
挂衣空间深(T_1)或宽(B_1)	折叠衣服放置空间深 T_1		适于挂长外衣	适于挂短外衣
≥530	≥450	≥40	≥1400	≥900

②穿衣镜上沿离地面(H_4)≥1700mm，装饰镜则不受高度限制。

③抽屉深(T_2)≥400，底层抽屉底下沿离地面高度(H_3)≥50，顶层抽屉上沿离地高度≤1250，如图 2-80 所示。

（3）床头柜：尺寸如图 2-81 所示、见表 2-13。

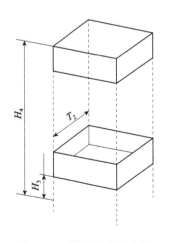

图 2-80　抽屉尺寸示意图

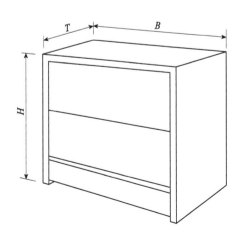

图 2-81　床头柜尺寸示意图

表2-13 床头柜尺寸 mm

宽 B	深 T	高 H
400~600	300~450	500~700

（4）书柜：尺寸如图2-82所示、见表2-14。

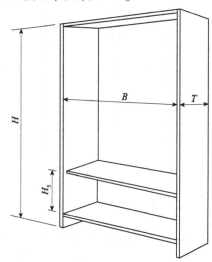

图2-82 书柜尺寸示意图

表2-14 书柜尺寸 mm

	宽 B	深 T	高 H	层间净高 H_5
尺寸	600~900	300~400	1200~2200	≥230 ≥310
尺寸极差 ΔS	50	20	第一级差200 第二极差50	—

（5）文件柜：尺寸如图2-83所示、见表2-15。

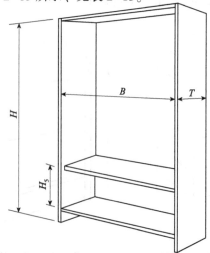

图2-83 文件柜尺寸示意图

表 2-15　文件柜尺寸 mm

	宽 B	深 T	高 H	层间净高 H_5
尺寸	450~1050	400~450	370~400 700~1200 1800~2200	≥330
尺寸极差 ΔS	50	10	—	—

（6）矮柜：高度 H 为 400~900mm，深度 $T \leqslant 500$mm，如图 2-84 所示。

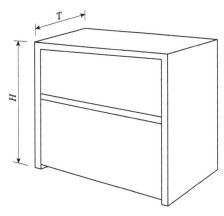

图 2-84　矮柜尺寸示意图

4. 柜架类家具的创意设计

1）简约木质挂衣架

瑞典家具制造商 Stolab 设计了"miss holly hal"系列产品，希望利用这款产品重新规划门厅处的陈设。该设计旨在为狭窄空间提供兼具功能性与实用性的解决方案，设计包含一款橡木材质壁挂式衣帽架，其表面的挂钩分布在 7 个水平横梁上，衣架顶端设有挑出的挂衣架，同一系列还包括一款单独的壁挂置物搁架、镜子以及小型挂衣钩（图 2-85）。

2）环绕式书架

"curiosity go round"是一款多功能家具，可以摆放 2500 本书。这款家具由建筑师 keigo kobayashi 设计，这个从地板延伸到天花板的书架仿佛一个雕塑，有效激发人们的好奇心和创造力。书架的主题是由起伏的木板叠加起来的，为书籍和其他类似物品创造了存储空间。同时，一些层板被挤压，形成单人或更大的桌子、站立式办公桌和长凳（图 2-86）。

3）"ROOMS"家具系统

法国的设计师 Gilles Belley 设计了一套名为"ROOMS"的家具系统，重新考量了家具设备与建筑环境之间的关系，用家具来打造生活空间。这套系列产品由 3 种不同的家具组合而成，包括 AREA、BLOCK 和 WALL。每个家具系统都有自己独特的方式来规划空间，或压缩、或分离、或为空间划定界限。该套家具采用了模块组装的方式，因此能够根据空间组织的局限性来进行调整（图 2-87）。

图 2-85　简约木质挂衣架

图 2-86　环绕式书架

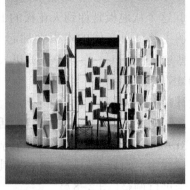

图 2-87　"ROOMS"家具系统

【任务实施】

第一步：根据工作任务进行小组分工，3 个人一组，组长 1 名，成员 2 名，组长负责制订实施计划和设计方案 PPT 汇报，成员负责资料的搜集和 PPT 制作。

第二步：以柜架类家具为对象进行调研，通过调查研究形成调研报告。

第三步：围绕调研报告进行概念设计，完成概念设计草图不少于 3 份。

第四步：围绕概念定位展开设计，从功能、造型、材料和结构等设计要素进行展开，完成产品效果图和细节图的绘制。

第五步：绘制产品三视图、零部件图、剖面图以及大样图等工艺文件，制订产品下料单和五金明细表，制订产品工艺流程。

第六步：围绕产品概念进行营销方案的制订。

第七步：按小组进行设计方案汇报，教师和各小组组长担任评委进行评分。

第八步：教师对整个任务进行总结。

【考核评价】

序号	考核内容	技能考核标准	得分
1	市场调研 （20 分）	优（15~20 分）：调研报告完整翔实，调研方法的选择合理且不少于 3 种，采用了定性和定量的分析方法并形成了完整翔实的调研报告，对后续的设计有非常强的指导性	
		良（10~15 分）：调研报告完整，调研方法的选择合理，采用了定性和定量的分析方法并形成了完整的调研报告，对后续的设计有很强指导性	
		中（5~10 分）：调研报告基本完整，调研方法的选择合理，采用了定性和定量的分析方法并形成了完整的调研报告，对后续的设计有一定的指导性	
		差（0~5 分）：调研报告不完整，调研方法的选择不合理，对后续的设计指导性不强	
2	概念设计 （20 分）	优（15~20 分）：概念围绕"人、事、物（家具）"三者之间的关系进行设计，创新性强，有很强的突破性，形成了大量的概念创意草图（不少于 15 张），草图表达清晰完整，并有很好的视觉冲击力	
		良（10~15 分）：概念围绕"人、事、物（家具）"三者之间的关系进行设计，创新性强，有很强的突破性，绘制了大量的概念创意草图（不少于 10 张），草图表达清晰完整，并有很好的视觉冲击力	
		中（5~10 分）：概念围绕"人、事、物（家具）"三者之间的关系进行设计，有一定的创新性，绘制了概念创意草图（不少于 5 张），草图表达清晰完整，并有一定的视觉冲击力	
		差（0~5 分）：概念未围绕"人、事、物（家具）"三者之间的关系进行设计，创新性不强，绘制了概念创意草图（少于 5 张），草图表达差	

（续）

序号	考核内容	技能考核标准	得分
3	设计展开 （20分）	优（15~20分）：设计方案创新性强、功能尺寸合理、造型新颖、材料选择合理、结构设计合理、有人性化的细节设计等；产品效果图、细节图和场景图效果好（不少于15张），并有很强的视觉冲击力	
		良（10~15分）：设计方案创新性较强、功能尺寸合理、造型新颖、材料选择合理、结构设计合理、有人性化的细节设计等；产品效果图、细节图和场景图效果好（不少于10张），并有很强的视觉冲击力	
		中（5~10分）：设计方案创新性一般、功能尺寸合理、造型新颖、材料选择合理、结构设计合理、有人性化的细节设计等；产品效果图、细节图和场景图效果较好（不少于10张），并有一定的视觉冲击力	
		差（0~5分）：设计方案创新性不强、功能尺寸、造型设计、材料选择、结构设计等方面存在一定的问题；产品效果图、细节图和场景图效果一般（少于5张）	
4	生产组织 （20分）	优（15~20分）：制订了详细的工艺流程且合理，设备选择合理；有非常完整翔实的产品三视图、剖面图和大样图等工艺图纸且规范标准；产品下料单和五金明细表清晰准确	
		良（10~15分）：制订了详细的工艺流程且合理，设备选择合理；有完整的产品三视图、剖面图和大样图等工艺图纸且规范标准；产品下料单和五金明细表清晰准确	
		中（5~10分）：制订了工艺流程，设备选择合理；有产品三视图、剖面图和大样图等工艺图纸；产品下料单和五金明细表清晰准确	
		差（0~5分）：在工艺流程制订、产品三视图、剖面图和大样图等工艺图纸的绘制方面存在一定的问题，有产品下料单和五金明细表但存在问题	
5	营销策划 （20分）	优（15~20分）：产品卖点清晰且有很强的吸引力；制订了详细的营销策划方案且合理有效；营销手段操作性很强且有效	
		良（10~15分）：产品卖点清晰且有一定的吸引力；制订了详细的营销策划方案；营销手段操作性强	
		中（5~10分）：产品卖点清晰；有营销策划方案详细但不合理；营销手段可操作	
		差（0~5分）：产品卖点不清晰；无详细的营销策划方案或方案不合理；营销手段操作性不强	
总　分			

【巩固训练】

结合具体的家具设计项目的要求，开展柜架类家具的设计。

任务2-4 床榻类家具的设计

【工作任务】

>>**任务描述**

床榻类家具的设计。

>>**任务分析**

按照市场调查—概念设计—设计展开—生产组织—营销策划5步进行设计。

【知识准备】

1. 中国传统床榻类家具

床榻历史悠久，种类繁多，按材质大致可分为两类：一类为珍贵硬木所制，如黄花梨、紫檀；另一类为白木材质，此类床榻一般通过髹漆、贴金、镶嵌等进行装饰。

床榻的历史可追溯至神农氏时代，那时还只是专供休息与待客所用的坐具，直到六朝以后才出现高足坐卧具。"床"与"榻"在席地而坐的时代，是有分工的。床体较大，可为坐具，也可为卧具；榻体较小，只为坐具。魏晋南北朝以后，榻体增大，床与榻同样担负着坐卧两种功能，因而也就难以截然分清了。习惯上认为：床不仅长，而且宽，主要为卧具；榻身窄而长，可坐可卧。随着社会的发展，今天我们所见到的古典家具中的罗汉床、架子床、拔步床、贵妃榻，都是明清甚至是民国时期的遗存，其中尤以清代的居多。

1) 罗汉床

罗汉床是由汉代的榻逐渐演变而来的。罗汉床不仅可以作卧具，也可以用作坐具，围栏两端做出阶梯形软圆角，既朴实又典雅(图2-88)。这类床形制有大有小，通常把较大的叫罗汉床，较小的仍沿俗叫"榻"，又称"弥勒榻"。

图2-88 罗汉床

2）架子床

架子床是床身架置四柱、四杆的床。有的在两端和背面设有三面栏杆，有的迎面安置门罩，更有在前面设踏步并加设罩等。架子床式样颇多，结构精巧，装饰华美。装饰多以历史故事、民间传说、花鸟山水等为题材，含和谐、平安、吉祥、多福、多子等寓意（图2-89）。

图2-89　架子床

3）拔步床

拔步床又叫八步床，是汉族传统家具中体型最大的一种床。其独特之处是在架子床外增加了一间"小木屋"，从外形看似把架子床放在一个封闭式的木制平台上，平台四角立柱，镶以木制围栏，有的还在两边安上窗户，使床前形成一个回廊，虽小但人可进入，人跨步入回廊犹如跨入室内，回廊中间置一脚踏，两侧可以安放桌、凳类小型家具，用以放置杂物（图2-90）。

4）贵妃榻

贵妃榻又称"美人榻"，古时专供妇女休憩，榻面较狭小，制作精美，形态优美，是榻中极为秀美的一种。其用料也极为讲究，床上彩绘雕刻显得雍容华贵（图2-91）。

2. 床榻类家具的样式分析

床榻家具是睡眠用的家具，与人类关系极为密切。在我国的古代和现代日本，床兼作坐具使用，名曰榻，是非常富有东方特色的坐卧类家具，在我国北方农村，仍保持使用"炕"的习惯。床具的种类主要有单人床、双人床、单层床、双层床、折叠床、沙发床、平板床、日床、四柱床等。

1）沙发床

沙发床在家居中很常见，是一款结构比较灵活、可以变形的家具，可以根据室内环境要求和需要对家具进行组装，不仅可以变化成沙发，还可以拆解当作床来使用（图2-92）。

图 2-90　拔步床

图 2-91　贵妃榻

图 2-92　沙发床

2) 双层床

现代很多家庭都有两个孩子，这时为他们选购一款双层床则可以节省空间，提高空间利用率(图 2-93)。

3) 平板床

平板床是一种常见的样式，主要由基本的床头板、床尾板和骨架作为结构(图 2-94)。此类床的造型虽然简单，但床头板、床尾板却可以被设计成不同的风格。

图 2-93　双层床

图 2-94　平板床

4）四柱床

四柱床最早源于欧洲，它的布置风格多样化。西方古典风格的四柱床上，有代表不同时期风格的繁复雕刻；中式风格的四柱床以传统文化内涵为设计元素进行造型的设计（图 2-95）。

图 2-95　四柱床

3. 单层床的基本功能要求与尺寸

1）功能要求

（1）床宽：研究表明，床的宽度直接影响人的睡眠，进而影响人的翻身活动，睡窄床比睡宽床的翻身次数少，人在睡眠时会对安全性产生自然的心理活动，所以床不能过窄。

实践表明，单人床的宽度为 700~1300mm 比较适合。单人床的标准宽度通常是仰卧时人肩宽的 2~2.5 倍，双人床的标准宽度一般为仰卧时人肩宽的 3~4 倍。成年男子的肩宽平均为 420mm，一般通用的单人床宽度为 700 ~ 1300m，双人床宽度有 1350mm、1500mm、1800mm、2000mm 等规格。

（2）床长：是指床头与床尾的内侧或床架内的距离。一张床足够长才可以使人的身体得到舒展，因此床的长度对睡眠来说非常重要，而床的长度应以较高的人体作为标准计算。以我国男性平均身高约 1670mm 为例，床长的计算公式为：床长 = 1.05 倍身高（1753.5mm）+头顶余量（约 100mm）+脚下余量（约 50mm）= 1903.5mm。因此，一般常见的床长有 1900mm、2000mm、2100mm 等规格。

（3）床高：是指床面与地面的距离，由于床同时具有坐和卧的功能，同时还要考虑到人的穿衣、穿鞋等动作，因此床的高度一般与椅凳的高度一致。另外，多数床还兼具收纳功能，因此床高要考虑储物空间高度的合理性。一般床高在 400~500mm。

2）尺寸

（1）单层床主要尺寸：如图 2-96、图 2-97 所示，见表 2-16。

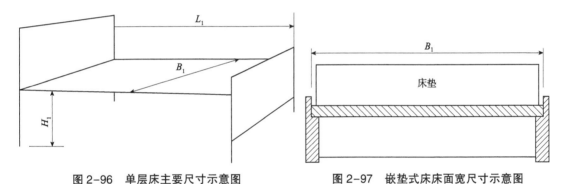

图 2-96　单层床主要尺寸示意图　　　　图 2-97　嵌垫式床床面宽尺寸示意图

表 2-16　单层床主要尺寸　　　　　　　　　　　　　　　　　　　　mm

床面长 L_1		床面宽 B_1		床面高 H_1	
双床屏	单床屏			放置床垫	不放置床垫
1920	1900	单人床	720 800 900 1000 1100 1200	240~280	400~440
1970	1950				
2020	2000	双人床	1350 1500 1800		
2120	2100				

注：镶嵌式床的床面宽应在各档尺寸基础上增加 20mm。

（2）双层床主要尺寸：如图 2-98 所示、见表 2-17。

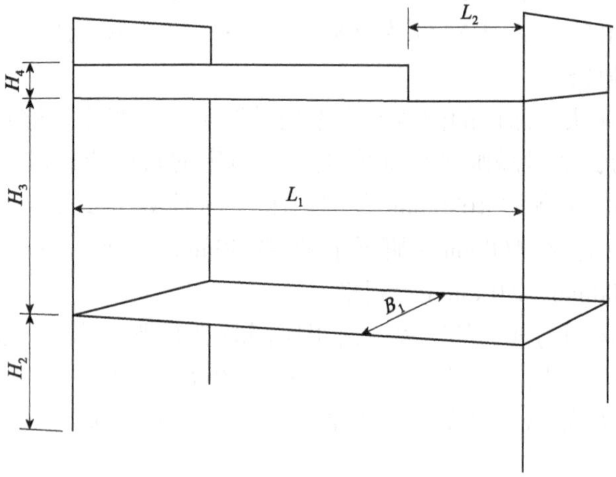

图 2-98　双层床主要尺寸示意图

表 2-17　双层床主要尺寸

床面长 L_1	床面宽 B_1	底床面宽 H_2		层净高 H_3		安全栏板缺口长度 L_2	安全栏板高度 H_4	
		放置床垫	不放置床垫	放置床垫	不放置床垫		放置床垫	不放置床垫
1920 1970 2020	720 800 900 1000	240~280	400~440	≥1150	≥980	500~600	≥380	≥200

4. 床榻类家具的创意设计

1）奶糖床

奶糖床（toffee bed）是一款双人软床，其名称源于床头上两个形态似奶糖的靠枕。靠枕可以根据使用者的需要横竖任意捆绑，也可以取下作为靠垫临时使用（图 2-99、图 2-100）。这一特色在满足产品功能性的同时也为卧室增添了趣味性。床身有米白与荷绿两种配色，米白内敛百搭而荷绿清新时尚。简约的线条配上活泼的色彩，使奶糖床成为小户型卧室的点睛之笔。床体为拆装结构，在满足平板运输的同时节约了仓储成本。

2）2022 年北京冬奥会智能床

北京冬奥会智能床可用遥控器控制，有零重力模式、看电视模式、阅读模式等多种模式。其中，零重力模式类似于宇航员的太空舱座椅。头部抬高 15°，脚步抬高 35° 在这样的角度下，心脏与膝盖处于同一水平线，身体压力均衡分散，可以有效减轻身体压力负担，促进血液循环，让人在睡眠过程中最大限度地获得放松（图 2-101）。

【任务实施】

第一步：根据工作任务进行小组分工，3 个人一组，组长 1 名，成员 2 名，组长负责制订实施计划和设计方案 PPT 汇报，成员负责资料的搜集和 PPT 制作。

图 2-99　奶糖床

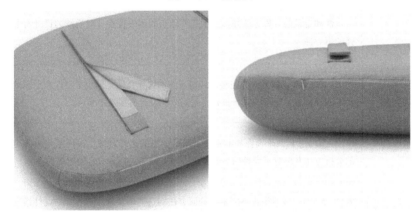

图 2-100　带有魔术贴的靠枕

图 2-101　北京冬奥会智能床

第二步：以床榻类家具为对象进行调研，通过调查研究形成调研报告。

第三步：围绕调研报告进行概念设计，完成概念设计草图不少于 3 份。

第四步：围绕概念定位展开设计，从功能、造型、材料和结构等设计要素进行展开，完成产品效果图和细节图的绘制。

第五步：绘制产品三视图、零部件图、剖面图以及大样图等工艺文件，制订产品下料单和五金明细表，制订产品工艺流程。

第六步：围绕产品概念进行营销方案的制订。

第七步：按小组进行设计方案汇报，教师和各小组组长担任评委进行评分。

第八步：教师对整个任务进行总结。

【考核评价】

序号	考核内容	技能考核标准	得分
1	市场调研 (20分)	优(15~20分)：调研报告完整详实，调研方法的选择合理且不少于三种，采用了定性和定量的分析方法并形成了完整翔实的调研报告，对后续的设计有非常强的指导性	
		良(10~15分)：调研报告完整，调研方法的选择合理，采用了定性和定量的分析方法并形成了完整的调研报告，对后续的设计有很强指导性	
		中(5~10分)：调研报告基本完整，调研方法的选择合理，采用了定性和定量的分析方法并形成了完整的调研报告，对后续的设计有一定的指导性	
		差(0~5分)：调研报告不完整，调研方法的选择不合理，对后续的设计指导性不强	
2	概念设计 (20分)	优(15~20分)：概念围绕"人、事、物(家具)"三者之间的关系进行设计，创新性强，有很强的突破性，形成了大量的概念创意草图(不少于 15 张)，草图表达清晰完整，并有很强的视觉冲击力	
		良(10~15分)：概念围绕"人、事、物(家具)"三者之间的关系进行设计，创新性强，有很强的突破性，绘制了大量的概念创意草图(不少于 10 张)，草图表达清晰完整，并有很强的视觉冲击力	
		中(5~10分)：概念围绕"人、事、物(家具)"三者之间的关系进行设计，有一定的创新性，绘制了概念创意草图(不少于 5 张)，草图表达清晰完整，并有一定的视觉冲击力	
		差(0~5分)：概念未围绕"人、事、物(家具)"三者之间的关系进行设计，创新性不强，绘制了概念创意草图(少于 5 张)，草图表达差	

（续）

序号	考核内容	技能考核标准	得分
3	设计展开 （20 分）	优（15~20 分）：设计方案创新性强、功能尺寸合理、造型新颖、材料选择合理、结构设计合理、有人性化的细节设计等；产品效果图、细节图和场景图效果好（不少于 15 张），并有很强的视觉冲击力	
		良（10~15 分）：设计方案创新性较强、功能尺寸合理、造型新颖、材料选择合理、结构设计合理、有人性化的细节设计等；产品效果图、细节图和场景图效果好（不少于 10 张），并有很强的视觉冲击力	
		中（5~10 分）：设计方案创新性一般、功能尺寸合理、造型新颖、材料选择合理、结构设计合理、有人性化的细节设计等；产品效果图、细节图和场景图效果较好（不少于 10 张），并有一定的视觉冲击力	
		差（0~5 分）：设计方案创新性不强、功能尺寸、造型设计、材料选择、结构设计等方面存在一定的问题；产品效果图、细节图和场景图效果一般（少于 5 张）	
4	生产组织 （20 分）	优（15~20 分）：制订了详细的工艺流程且合理，设备选择合理；有非常完整翔实的产品三视图、剖面图和大样图等工艺图纸且规范标准；产品下料单和五金明细表清晰准确	
		良（10~15 分）：制订了详细的工艺流程且合理，设备选择合理；有完整的产品三视图、剖面图和大样图等工艺图纸且规范标准；产品下料单和五金明细表清晰准确	
		中（5~10 分）：制订了工艺流程，设备选择合理；有产品三视图、剖面图和大样图等工艺图纸；产品下料单和五金明细表清晰准确	
		差（0~5 分）：在工艺流程制订、产品三视图、剖面图和大样图等工艺图纸的绘制方面存在一定的问题，有产品下料单和五金明细表但存在问题	
5	营销策划 （20 分）	优（15~20 分）：产品卖点清晰且有很强的吸引力；制订了详细的营销策划方案且合理有效；营销手段操作性很强且有效	
		良（10~15 分）：产品卖点清晰且有一定的吸引力；制订了详细的营销策划方案；营销手段操作性强	
		中（5~10 分）：产品卖点清晰；有营销策划方案详细但不合理；营销手段可操作	
		差（0~5 分）：产品卖点不清晰；无详细的营销策划方案或方案不合理；营销手段操作性不强	
总　分			

【巩固训练】

结合具体的家具设计项目的要求，开展床榻类家具的设计。

项目 3 家具制作

【学习目标】

>> **知识目标**

掌握椅凳类家具、桌案类家具、柜架类家具、床榻类家具的功能尺寸设计和结构设计。掌握不同类型家具的制作工艺流程和制作方法。

>> **能力目标**

会制订椅凳类家具、桌案类家具、柜架类家具、床榻类家具的工艺流程；会使用常用的木工设备并完成样品制作。

>> **素质目标**

培养学生严谨细致、实事求是、一丝不苟的职业素养。

任务 3-1 富贵凳的制作

【工作任务】

>> **任务描述**

本任务是在人体工程学基础上设计一款无束腰直枨富贵凳。该产品并非厅堂器物，而是居室中的日常用具，以实用、便捷、方便搬动为主要设计思路。设计方案不起线、去雕饰，仅依靠简单的几块实木经榫卯结合而成，不添加任何金属配件。产品结构牢固、耐用持久。

>> **任务分析**

该富贵凳面板、腿、牙板、横枨皆倒圆，整体造型圆润有度。产品座高 380mm，座面长度为 360mm，宽度为 240mm。细节设计上，凳面攒边打槽装板，大边与抹头的宽度为 45mm、厚度为 28mm。凳面下方承以牙板，腿与错落有致的横枨相连，在保证结构强度的基础上，起到了一定的装饰作用。三视图如图 3-1 所示。

1. **富贵凳使用材料**

富贵凳材料清单见表 3-1。

根据材料清单准备好的材料如图 3-2 所示。

表 3-1 富贵凳材料清单

家具部位	数量（个）	零件	长（mm）	宽（mm）	厚度（mm）	材料
腿子、横枨、牙板	4	腿	367	35	28	实木
	2	前后横枨	200	28	18	实木
	2	左右横枨	320	28	18	实木
	2	前后牙板	290	50	12	实木

（续）

家具部位	数量(个)	零件	长(mm)	宽(mm)	厚度(mm)	材料
腿子、横枨、牙板	2	左右牙板	184	50	12	实木
凳面	1	嵌板	286	166	12	实木
	2	前后边框	360	45	28	实木
	2	左右边框	240	45	28	实木

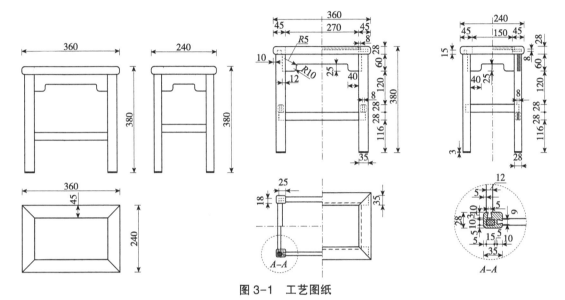

图 3-1　工艺图纸

2. 使用的设备及工具

（1）设备：横截锯、推台锯、平刨、压刨、带锯、方钻机、倒装台铣机、手持打磨机。

（2）工具：游标卡尺、T形画线卡尺、直角尺、铅笔、橡皮、放样图纸、三角板、纸胶带、双面胶、自攻螺丝；8mm 钻头、16mm 钻头、6mm 铣刀、9mm 燕尾铣刀、12mm 仿形刀、10mm 圆角刀、5mm 圆角刀；快速夹、垫板、中密度纤维板（制作模具用）；口罩、护目镜、耳塞、围裙、工装鞋。

图 3-2　富贵凳材料准备

【知识准备】

1. 榫卯结构

1）直角榫接合

凡是榫肩面与榫颊面互相垂直或基本垂直的都属于直角榫。其接合牢固可靠、加工难度相对较低，是应用最广的榫接合形式，木质家具结构中的各种框架接合大都采用直角榫。

2）燕尾榫接合

其榫头呈梯形或半圆台形，端部大而根部小，接合牢固紧密，但加工及装配难度较大。可用于实木家具中箱框类零件的角接合（如箱体角接合、抽屉角接合等），在高档仿古家具及一些民间家具中，也有相当多的应用。

榫接合各部位的名称及榫的类型如图 3-3 至图 3-6 所示。

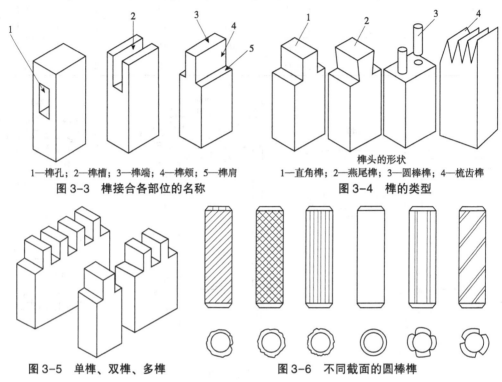

1—榫孔；2—榫槽；3—榫端；4—榫颊；5—榫肩

图 3-3   榫接合各部位的名称

榫头的形状

1—直角榫；2—燕尾榫；3—圆棒榫；4—梳齿榫

图 3-4   榫的类型

图 3-5   单榫、双榫、多榫

图 3-6   不同截面的圆棒榫

3）圆棒榫接合

系一类插入榫，其形状为圆柱形。它具有简化加工工艺、易于加工和装配、节约材料、适合大批量生产等优点，但接合强度及稳定性相对较差。在框式结构中圆棒榫可用于框架的连接结合，而在板式结构中常用于板件间的固定接合和定位。

4）梳齿榫接合

又叫指形榫，其形状类似于梳齿（或指形）。主要用于短料接长，如方材及板件接长、曲线零件的拼接等。

2. 实木拼板结构

采用特定的接合方式将窄木板拼合成所需尺寸的板材称为实木拼板，其常用于各类家具的门板、台面及椅凳座板等实木部件中。拼板的结构应便于加工、接合牢固、形状尺寸稳定。一般要求为：每块窄板宽度一般不超过 200mm，且树种、材质、含水率应尽可能一致。

除榫卯结构外，现代实木家具结构还会用到胶接合、钉接合、木螺钉接合和连接件接合等。常见拼板结构如图 3-7 所示。

【任务实施】

1. 面板加工

1）裁基准料

大边为 360mm×45mm×28mm，抹头为 240mm×45mm×28mm。使用横截锯限位 90°裁料，如图 3-8 所示。

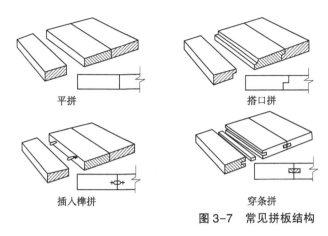

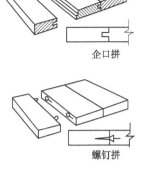

图 3-7　常见拼板结构

2）标记画线

将框架正确摆放，用三角符号标记出前后左右的位置，在左右框架两端边上 10~45mm 的位置上画出榫眼长度，中间榫眼的宽度为 8mm。前后框架标注出榫头的位置，与榫眼相匹配。借助 T 形卡尺画线和直角，画"×"的为去除部分，如图 3-9 至图 3-12 所示。

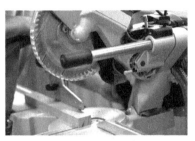

图 3-8　基准面裁切

图 3-9　T 形卡尺画线

图 3-10　榫头画线

图 3-11　画榫头线

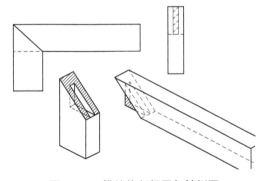

图 3-12　榫结构剖视图与轴侧图

3）使用方钻机加工左右面框榫眼

选择与画好的孔位一致的方钻刀头，调整方钻打孔深度为 35mm，对照画线位置进行打孔，如图 3-13 和图 3-14 所示。

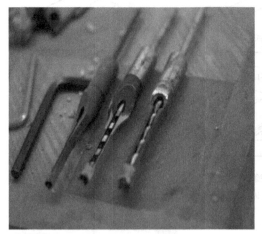

图 3-13　方钻刀头

图 3-14　方钻打孔

4）加工榫头

使用横截锯限高定位进行粗加工，锯45°斜角面。须注意正反，反面需要锯-45°斜面，如图 3-15 所示。

锯掉暗榫部分，限位锯到斜角，注意既不要切过多也不要留过多，留 1~2mm 即可。然后用横截锯锯纵向 45°限高，注意不要切过多，防止榫内质量不佳，如图 3-16、图 3-17 所示。

图 3-15　榫头加工

图 3-16　暗榫部分切割

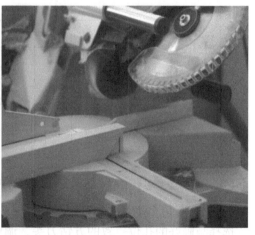

图 3-17　斜角切割

5）榫面清底，配合

使用倒装铣机安装清底刀，调节到合适的高度，微调，做到松紧合适，用力能轻松插进去，拔出来可借助锤子轻敲，如图3-18、图3-19所示。

图3-18 清底刀

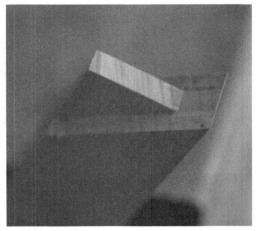

图3-19 清底后榫头

6）锯出左右面框45°斜角

如图3-20、图3-21所示。

图3-20 横截锯切45°角

图3-21 45°角切割完成

7）裁嵌板

嵌板尺寸为286mm×166mm×12mm。使用推台锯修边，角度修正为90°，然后裁净料，如图3-22所示。

8）铣面板槽

使用6mmT形铣刀，如图3-23所示。

（1）铣面框槽：使用6mm T形铣刀配合倒装铣机，刀高为6mm，深度为8.5mm，如图3-24、图3-25所示。

图 3-22 推台锯修边

图 3-23 T 形铣刀

图 3-24 铣面板边框槽

图 3-25 面板边框铣槽

（2）铣嵌板榫头：配合倒装铣机，刀高度为 12mm，深度调至 8mm，铣嵌板料。可使用深度尺与 T 形数显卡尺精确调试，如图 3-26 所示。

9）试装

通过试装，查验是否加工有问题与可修饰点，如图 3-27 所示。

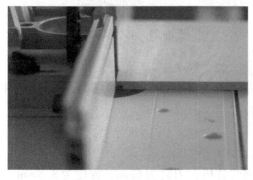

图 3-26 嵌板铣榫头

图 3-27 面板试装

10）打磨

使用打磨机由 180#~320# 砂纸逐步打磨至光滑，伸缩缝处与能摸到的角需要倒角处理，如图 3-28、图 3-29 所示。

图 3-28　砂光机进行零件打磨

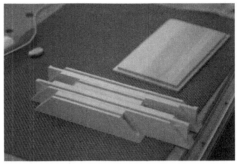

图 3-29　打磨完成

11）胶合

在榫结合处均匀施胶，胶量不宜过多，否则会影响胶合程度。使用夹具将部件夹持固定，使榫接合牢固。注意夹持角度，校尺。若中间缝隙不好控制，可夹相等的薄片保持均匀的缝隙，如图 3-30、图 3-31 所示。

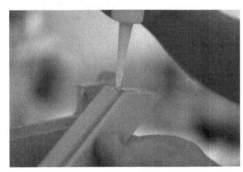

图 3-30　施胶

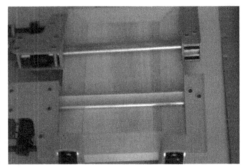

图 3-31　面板组装

2. 凳腿加工

1）凳脚的裁料

凳腿尺寸为 367mm×35mm×28mm，共 4 根，用横截锯进行修边齐头，然后画线定点限位精裁，如图 3-32 所示。

2）凳腿的标记

利用三角符号标示出凳腿的位置关系，确保正确加工，如图 3-33 所示。

3）横枨、横挡榫眼的画线

依照图纸进行画线，不要的部分画"×"，中间榫眼宽度为 8mm，使用 T 形卡尺与直角尺画线，如图 3-34 所示。

4）使用方钻机加工左右面框榫眼

选择与画好的孔位尺寸一致的方钻刀头，调好所需深度，对照画线位置打孔，榫眼宽度为 8mm，如图 3-35 所示。

图 3-32　横截锯齐头

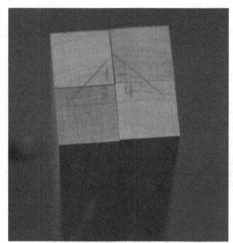

图 3-33　凳腿的标记

图 3-34　榫眼画线图

图 3-35　方钻打孔

5）横枨料

前后横枨尺寸为 315mm×28mm×18mm，共 2 根。

左右横枨尺寸为 195mm×28mm×18mm，共 2 根。

使用横截锯先修一边，然后画好长度线，最后精裁好净料，如图 3-36 所示。

6）使用横截锯定点限位限高加工榫头

榫头长 22.5mm，中间厚度预留 8mm 以上，如图 3-37 所示。预留加工余量以 2mm 最佳，过少容易导致榫面质量不佳，过多则需要多次清底。

图 3-36　长度画线图

图 3-37　榫头预加工

7）清底适配

用带下轴承 2mm 刀刃、刀宽 22mm 的清底刀，刀刃与台面高为 5mm，铣横枨、横挡，调试松紧度，如图 3-38、图 3-39 所示。

图 3-38　清底刀清底

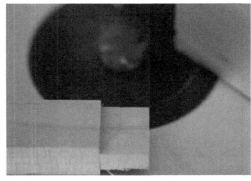

图 3-39　清底后

8）横截锯切角

使用横截锯在榫头切 45°角，如图 3-40 所示。

9）画线

画线标示出腿与牙板、腿与面板的连接结构。

牙板为燕尾榫，榫头高度为 10mm，底部宽度为 65mm，顶部宽度为 5mm。预留到顶榫的长度，注意榫眼方向及位置。

图 3-40　切 45°角

面板和腿子的连接榫距离腿子外边为 5mm，榫头自身为 15mm×10mm×15mm 的直榫，如图 3-41、图 3-42 所示。

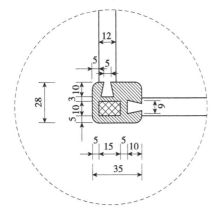

图 3-41　腿与牙板、腿与面板连接结构详图

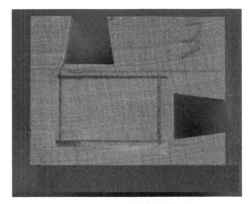

图 3-42　牙板燕尾榫眼

10）铣牙板榫眼

先进行燕尾榫榫槽预加工，使用 6mm 直刀将画好燕尾槽的中间部分镂空，依次调节切削量，直至铣到画好的线端，如图 3-43 所示。

将铣机更换 9mm 的燕尾刀，高度调至 10mm，铣刀调至与画好榫眼的相应位置。

注意：需要垫板，限位微调至划线处；另一边调至相应位置。垫板位置也需要随时跟着靠挡而变化，可贴双面胶固定，如图 3-44、图 3-45 所示。

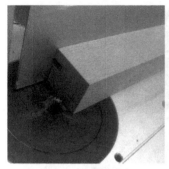　　

图 3-43　燕尾榫预加工　　　图 3-44　铣燕尾槽　　　图 3-45　前方限位

11）加工牙板

牙板料精裁，切至所需尺寸。前后牙板尺寸为 290mm×50mm×12mm；左右牙板尺寸为 184mm×50mm×12mm，如图 3-46 所示。

12）加工牙板榫头

采用与腿部燕尾榫眼一致的燕尾铣刀进行加工，调整所需要的切削量，加工时注意留有施胶的空间余量，使之与榫眼的松紧适合，如图 3-47 所示。

13）画牙板造型线

造型线底部往上 15mm，榫肩往里偏 28mm，如图 3-48 所示。

图 3-46　牙板料精裁

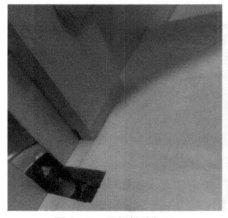　

图 3-47　牙板榫头加工　　　　　图 3-48　画牙板造型线

14）制作模板

先用台锯锯出一块等宽的板料，再修边，然后画线。使用带锯先粗加工，然后用铣机铣出直边，最后用打磨机磨出圆角，如图 3-49 至图 3-52 所示。

图 3-49 模板纵剖

图 3-50 带锯锯出形状

图 3-51 中纤板画线图

图 3-52 砂光机磨出圆角

15) 仿形加工

使用带锯粗加工，然后用模板在倒装铣机上使用仿形刀铣出造型，如图 3-53 所示。

16) 画面板榫眼线

靠边缘 16~32mm 为榫眼位置，如图 3-54 所示。

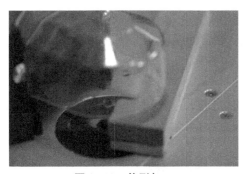

图 3-53 仿形加工

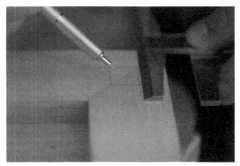

图 3-54 画出榫眼位置

17) 加工面板榫眼

使用方钻机装配 10mm×10mm 钻头打孔，打孔深度为 15mm，钻头位置与画线位置一致。注意：面板过大，需要拆卸方钻夹持器，所以需要配置快速夹，使木料稳固在台面，防止拔钻头时带动木料，如图 3-55、图 3-56 所示。

18) 加工凳腿榫头

使用横截锯限长度榫头位置 15mm，高度分别为 6mm 和 13mm，注意预留 1~2mm 清底，如图 3-57 所示。

19）清底榫头、适配

使用下轴承清底刀清理榫面，高度分别为 6mm 与 13mm。以实际配合为准，如图 3-58 所示。

图 3-55　安装钻头

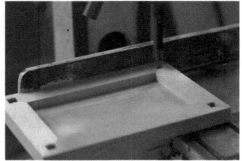

图 3-56　加工方形榫眼

图 3-57　榫头预加工

图 3-58　清底刀铣出榫头

20）倒面板圆角

使用 10mm 圆角刀将凳面四边倒圆。注意：倒背面时要在工件进刀时压前面，工件出刀时压后面，使凳面始终与台面契合，如图 3-59 所示。

21）倒凳腿、横枨、横挡、牙板圆角

使用 5mm 倒圆刀，将凳腿、横枨、横挡四边倒圆，将牙板下面的异形两边倒圆。注意：异型转角过大，需要将台面拆卸，靠稳轴承，如图 3-60 所示。

图 3-59　倒面板圆角

图 3-60　各零部件倒圆

22）凳腿底部倒角

在凳腿底部使用横截锯倒一个 45°的斜角，宽度为 3mm，如图 3-61、图 3-62 所示。

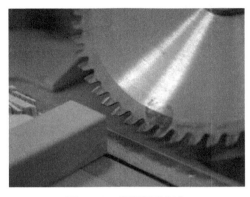

图 3-61 凳腿锯出斜角

图 3-62 斜角加工效果

23）试装

试装，以查验是否有加工问题与可修饰点，如图 3-63 所示。

24）打磨

将部件整体由粗到细打磨光滑，能摸到棱角的地方都需要倒角处理。去除所有标记、烧焦痕迹、画线，以达到待上漆的标准，如图 3-64 至图 3-66 所示。

图 3-63 试装

图 3-64 细节处理

图 3-65 面板处理效果

图 3-66 凳腿处理效果

25）胶合组装

在所有结合处涂抹组装胶，使用夹具将部件夹持，使榫接合牢固，如图3-67所示。

26）待胶干

产品组装完成并夹持24h后，可将夹具拆下，如图3-68、图3-69所示。

3. 后期处理

家具的后期处理意在使木制品不易变形与发霉，使用更耐久。

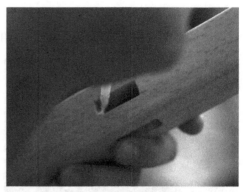

图3-67　施胶

图3-68　组装夹紧

图3-69　夹具拆除

1）上底漆

先擦底漆，如图3-70所示。擦拭底漆后家具上细小的木毛会显示出来。

放置24h以上待底漆完全干燥后，使用240#砂纸再次打磨，以去除木毛，使家具表面更加平整光滑，如图3-71所示。

图3-70　上底漆

图3-71　打磨

2）喷面漆

喷漆房内，将富贵凳放置在喷漆台上，在喷壶内装面漆，与产品保持 1cm 左右的距离均匀喷洒后，静置 24h 以上，等待油漆干燥，如图 3-72 所示。

3）表面打磨

面漆干燥后，先后用 600# 砂纸和抛光棉依次将家具表面打磨光滑，如图 3-73、图 3-74 所示。

如有必要，可重复以上操作步骤，以增加家具表面漆膜的厚度和光泽度。打磨完成后，成品如图 3-75 所示。

图 3-72　喷面漆

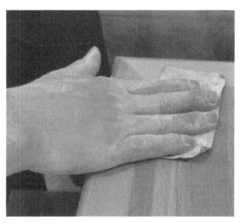

图 3-73　砂纸打磨

图 3-74　抛光棉打磨

图 3-75　成品图

【注意事项】

富贵凳的加工制作需要的材料不多，结构简单，但是对操作者有较高的要求。尤其对整体凳面的缝隙控制和弧形牙板的线条打磨应特别的注意。

【考核评价】

序号	考核内容	考核点	得分
1	材料使用(10分)	合理选材，利用率高(5分)	
		合理避让木材缺陷(5分)	
2	加工质量(20分)	零部件尺寸偏差(8分)	
		加工缺陷(6分)	
		倒圆角和收腿(6分)	
3	作品装配质量(55分)	缝隙(10分)	
		牢固性与稳定性(10分)	
		外观质量(8分)	
		组装尺寸偏差(12分)	
		形状偏差(15分)	
4	职业素养(15分)	工位卫生(2分)	
		工具、材料摆放(2分)	
		团队合作(2分)	
		设备使用(6分)	
		安全操作(3分)	
总　分			

【巩固训练】

结合具体的椅凳类家具设计方案，完成椅凳类家具的制作。

任务3-2　办公桌的制作

【工作任务】

》任务描述

本任务为办公桌的制作，采用榫卯结构，使得家具坚固、结实、耐用。桌面边缘进行倒直角棱处理，赋予产品立体感，使之更加棱角分明。桌腿一侧垂直，另一侧为斜腿，改变了以往的对称风格，给人以视觉上的新鲜感。斜腿一侧设计安装带有斜度的箱体，与斜腿形成相呼应。整个作品具有层次感和清晰的线条，给人以条理明快的视觉感受，具有理性、简洁的特点。

》任务分析

该办公桌整体尺寸是长度为1250mm、宽度为500mm、高度为750mm。产品由桌面、桌腿、箱体、抽屉4个模块组成。板材主要使用实木贴皮密度板，为保证作品整体的美观性，密度板需要进行封实木边条处理，实木方材为红橡木。箱体、桌面和背板采用拉米诺木榫的连接方式，其余基本采用榫卯结合的方式，抽屉的高度设计与上横枨一致，一体化的视觉效果起到隐蔽的作用，可用于放置贵重物品。箱体内可以放置书刊及文件。桌面整体较大，可以作为电脑桌使用，桌面可以放置很多工作用品。产品三视图如图3-76所示。

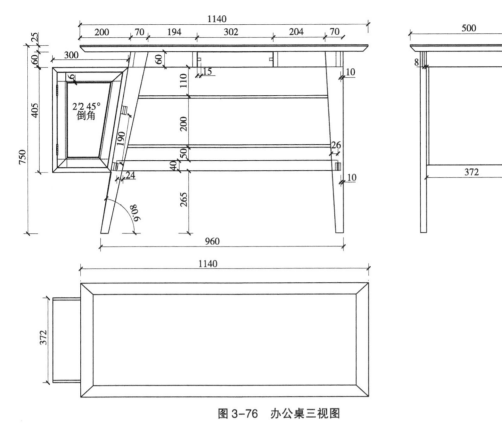

图 3-76　办公桌三视图

1. 材料

办公桌材料清单见表 3-2。

表 3-2　办公桌材料清单

家具部位	数量(个)	零件	长(mm)	宽(mm)	厚度(mm)	材料
桌面	1	面板	1100	430	25	贴皮密度板
	2	左右边框	530	45	25	实木
	2	前后边框	1200	45	25	实木
箱体门	2	左右立边	420	40	20	实木
	2	上下帽头	310	40	20	实木
	1	门芯板	400	300	6	贴皮密度板
桌腿	4	腿	820	70	24	实木
	2	上横枨 1	300	60	24	实木
	1	上横枨 2	900	60	24	实木
	3	上中枨、上侧枨	390	60	18	实木
	1	下横枨	900	40	24	实木
	3	下侧枨	450	30	21	实木

（续）

家具部位	数量(个)	零件	长(mm)	宽(mm)	厚度(mm)	材料
桌腿	1	背板	820	200	18	贴皮密度板
	2	封边	820	21	10	实木
	1	上侧帐	390	70	18	实木
箱体	2	顶底板	330	360	18	贴皮密度板
	2	左右旁板	430	360	18	贴皮密度板
	1	隔板	250	290	18	贴皮密度板
	1	背板	400	300	6	贴皮密度板
	5	封边	330	20	10	实木
	4	封边	430	20	10	实木
抽屉	1	面板	330	59	18	实木
	2	侧板	320	55	12	实木
	1	尾板	320	40	12	实木
	1	底板	310	300	6	贴皮密度板
	2	木导轨	360	15	10	实木
连接件	2	合页	—	—	—	金属
	若干	木螺钉	—	—	—	金属
	若干	拉米诺木榫	—	—	0#	实木
	若干	圆棒榫	—	—	—	实木

根据材料清单准备材料，如图 3-77 所示。

1）检查材料

材料准备好后，根据材料清单再次检查材料数量、尺寸、规格、天然缺陷等问题，剔除质量不合格的材料。

2）材料分类

按照加工顺序或模块进行分类。

2. 使用的设备及工具

（1）设备：吸尘器、横截锯、推台锯、带锯、倒装台铣机、多米诺开榫机、拉米诺开榫机、修边机、手持打磨机、手电钻。

图 3-77　办公桌材料准备

（2）工具：游标卡尺、T 形画线卡尺、卷尺、直角尺、铅笔、橡皮、纸胶带、乳白胶、胶刷、砂纸板；8mm 钻头、木螺丝批头、6mm 三刃螺旋刀、8mm 三刃螺旋刀、仿形清底铣刀、直铣刀；快速夹、垫板；刨子、凿子、曲线锯；口罩、护目镜、耳塞、围裙、工装鞋。

【任务实施】

1. 板材封边

板材封边所需加工时间较短，但乳白胶固化需要一定时间，为了保证产品制作的流畅性，需先将密度板进行实木封边，放置一旁待乳白胶固化。

1）裁板

根据图纸所示，箱体需要前后封 10mm 实木边，桌腿后背板也需要封 10mm 实木边；箱体板材宽度为352mm。桌腿后背板宽度为180mm。按照尺寸要求裁切相应的板材，为更好地贴合实木封边，必须保证切割面平整、无刀痕印，如图 3-78、图 3-79 所示。

图 3-78 调试加工宽度尺寸　　　　　　图 3-79 台锯修边加工

2）修整封边条

检查封边条的长度、厚度，如果厚度太厚，可通过刨削进行处理，同时选择封边条的可视面。

3）封边

在板材截面进行施胶后尽量将乳白胶涂抹均匀，并确保没有杂质，如图 3-80、图 3-81 所示。将实木封边条按压贴合在截面上，多余的部分左右均分(后期可以通过修边机来铣削修整)。

图 3-80 截面施胶　　　　　　图 3-81 乳白胶涂抹均匀

4) 固定待固化

使用胶带进行固定，防止实木封边条移动。进行固定时，需要用力将纸胶带拉紧，使实木封边条更好地贴合板材截面，确保黏合处无缝隙。两个边都需要进行实木封边处理，如图 3-82 所示。

完成所有封边后将板材放置一旁，待乳白胶固化，如图 3-83 所示。放置时注意不要挤压到实木封边条，防止封边条移位或不能紧密黏合。

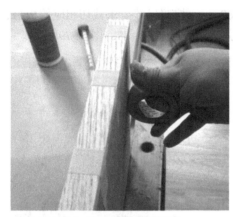

图 3-82　胶带进行固定　　　　　　图 3-83　完成后待固化

2. 制作腿架

1) 切割基准面

调试好截锯加工角度后，对材料的一端进行横截切割，将其确定为基准面，以确保后续画线准确，如图 3-84 所示。左侧腿料带有 80.6° 的倾斜角度，在这一步加工时就可将其完成切割，如图 3-85 所示。

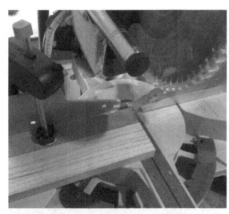
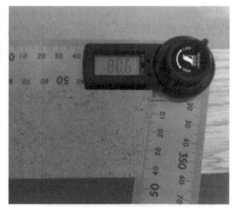

图 3-84　横截确定基准面　　　　　　图 3-85　倾斜角度 80.6°

2) 截腿料

根据图纸尺寸所示，右腿长度为 725mm，左腿需要通过已知尺寸在放样板上进行放样，得到实际尺寸，如图 3-86 所示。也可以先将右侧截好后，利用之前切割左腿的 80.6° 的角度一端，和右腿一端对齐找平，通过返线来确定左腿的切割线，如图 3-87、图 3-88

所示。使用横截锯按照切割线进行横截加工，切割时注意角度方向以及加工精度，角度稍有误差，在合角时就会出现缝隙，如图 3-89 所示。

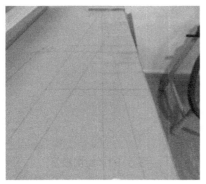

图 3-86　斜腿放样

图 3-87　通过实际角度放样

图 3-88　斜腿返线

图 3-89　横截加工

3）收腿

根据图纸尺寸所示，腿架上端为 70mm，下端为 30mm，按照尺寸画加工线，如图 3-90 所示。使用带锯进行预切，预留出大约 1mm 余量，余量不要过大，仿形铣削量太大会导致材料表面焦糊、崩茬等问题发生。最后用密度板的直面做为模板，用双面胶将模板与工件固定，使用倒装铣机安装仿形刀进行铣削加工，如图 3-91、图 3-92 所示。为达到高质量铣削面，后期可以使用手工刨子进行精修处理，如图 3-93 所示。

图 3-90　按尺寸画加工线

图 3-91　固定模板

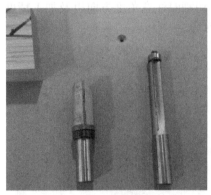

图 3-92　仿形铣刀

图 3-93　刨削精修

4）画线、标记

根据图纸所示，从腿上端向下 60mm 处画出孔位深度线，从下腿端向上 265mm 处画线，如图 3-94 和图 3-95 所示。以腿部外边为基准画垂直线作为打榫孔辅助线，再向上平移 40mm 画出榫孔的宽度，返线到腿部内侧。画好后根据侧面上的榫孔方向线对照图纸画出侧横枨的孔位线，如图 3-96 所示。加工线画好后，使用记号笔标记需要剔除的部分，如图 3-97 所示。

图 3-94　画榫孔深度线

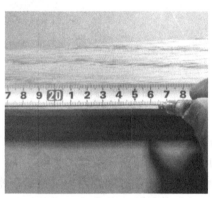

图 3-95　确定榫孔位置线

图 3-96　返线

图 3-97　标记剔除部分

5) 榫孔预加工

预切割桌腿上端直角贯通榫的榫孔，先使用带锯进行粗加工，然后使用曲线锯剔除标记的多余部分，如图 3-98、图 3-99 所示。

图 3-98 带锯预切割　　　　　　　图 3-99 曲线锯剔除多余部分

桌腿下端连接横枨的不贯通直榫榫孔，使用手持铣机安装三刃螺旋刀，连接辅助靠栅，贴紧木料侧面进行预加工处理，如图 3-100、图 3-101 所示。

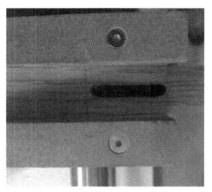

图 3-100 手持铣机预切割　　　　　图 3-101 加工后的效果

桌腿上连接侧横枨的不贯通直榫榫孔，使用拉米诺开榫机调整加工深度、宽度。调整加工高度，安装与榫孔厚度相同直径的铣刀进行预加工处理，如图 3-102、图 3-103 所示。

图 3-102 拉米诺开榫机预切割　　　　图 3-103 加工后的效果

6）精修榫孔

使用倒装铣机安装 8mm 直径三刃螺旋刀进行铣削修整榫孔。在 24mm 厚的木料上居中开出 8mm 宽、60mm 深的榫孔，应将铣刀外刃调整至距靠栅 16mm，铣刀高度距铣机基准面 60mm，如图 3-104、图 3-105 所示。

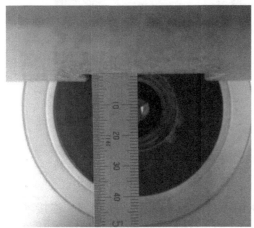

图 3-104　铣刀外刃与靠栅距离

图 3-105　加工深度

图 3-106　辅助推料挡块加工

采用倒装铣削的加工方式，榫孔深度比较大，铣削时注意木料后端必须加辅助推料挡块，增加与靠栅的接触面积来保证加工安全，如图 3-106 所示。铣削后可使用砂纸将孔壁上的毛刺打磨掉，来获取光滑、平整的榫孔。

使用手持铣机及拉米诺开榫机加工的不贯通榫孔，加工后会留下圆角，使用凿子修整方正、平齐，如图 3-107、图 3-108 所示。修榫孔时注意斜腿上榫孔带有角度。

图 3-107　凿子精修榫孔

图 3-108　精修后效果

7) 榫头预切割

测量出实际腿架收腿后的内侧角度 77.3°(腿与桌面板的夹角),如图 3-109 所示,背板及连接左右腿的横枨长度可以通过三角函数进行计算获取,也可以采用木工放样的方式来获取。在工件上使用卷尺量取加工点,使用角度尺返加工线。使用截锯限深功能,预留出 1mm 左右的铣削余量,调整加工深度;水平加工角度调整至 12.7°,将相同角度的榫头全部预切完,如图 3-110 至图 3-112 所示。

图 3-109　实际收腿角度

图 3-110　相同角度一次加工完

图 3-111　截锯预切割

图 3-112　加工后效果

8) 切割背板

腿架背板角度和左右腿横枨榫肩角度一致,在确认长度后可取消截锯限位功能,直接把背板斜角加工完成。

9) 铣削榫头

根据加工完的桌腿榫孔榫壁厚度来调整仿形清底铣刀的加工高度,进行铣削修整榫头,如图 3-113、图 3-114 所示。

图 3-113　根据榫壁调整加工高度

图 3-114　铣削榫头

10）裁切腿架旁板

根据图纸所示，前后腿内侧距离为 372mm，使用卷尺量取加工点，返加工线，使用截锯进行切割，如图 3-115 所示。

左旁板需要进行倾角处理。已知桌腿倾斜角度为 80.6°，把台锯加工角度调至 9.4°，如图 3-116 所示。对旁板进行二次倾角加工，台锯加工可以预留细小的余量，使用刨子进行刨削处理，如图 3-117 所示。

图 3-115　截锯精准切割

图 3-116　调整台锯加工角度

图 3-117　台锯倾角加工

11）画线加工拉米诺榫孔

腿架上的背板、旁板与腿部使用拉米诺木榫进行连接，上中枨与上横枨也使用拉米诺木榫进行连接。所有使用拉米诺木榫连接的工件，都以桌子的上方为基准，向下平移 30mm 进行统一画线，用来定位打孔中心，如图 3-118 所示。使用记号笔标记打孔的位置，以免将榫孔位置打错，如图 3-119 所示。

图 3-118　确定加工中线

图 3-119　确定加工位置

　　将拉米诺开榫机加工深度调整至 0# 拉米诺木榫深度，调整好基准面高度，如图 3-120 所示。背板、上中枨、旁板在横截面开榫孔，桌子腿和横枨在纵截面开榫孔，标记加工榫孔的位置与方向。根据榫孔的中心线，加工榫孔，如图 3-121 至图 3-123 所示。注意机器上的基准刻度与加工线对准。加工榫孔机头要按到底，否则在组装时拉米诺木榫将无法全部放进榫孔中，导致工件间连接产生缝隙。

图 3-120　确定加工中线

图 3-121　背板开榫孔

图 3-122　横枨开榫孔

图 3-123　横枨开榫孔效果

12）打磨组装

选用240#砂纸对所有工件进行打磨，要求光滑、平整、无毛刺，如图3-124所示。

因工艺需要，采用分次组装。先对腿架的后侧框架进行组装，背板与下横枨距离为50mm，制作宽度为50mm的辅助板，夹具固定时起到辅助作用，保证整体尺寸，防止发生形变，如图3-125所示。组装前先将背板进行修边处理，后面制作箱体会具体说明加工方法。腿架前侧开口榫结构也需此时进行组装。

图3-124　打磨后效果

图3-125　组装后侧框架

3. 制作箱体

1）板材修边

使用修边机对先前实木封边的板材进行修整，调整铣刀高度与修边机的基准面水平，进行修边加工处理，如图3-126和图3-127所示。也可将手持铣机的铣削台面的一侧加厚，铣刀深度调整与加厚板件厚度一致，完成对实木封边条的铣削加工。

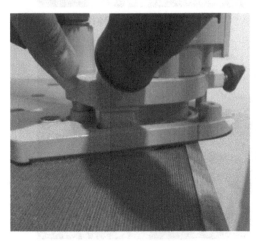

图3-126　修边加工

图3-127　加工完效果

2）裁板

箱体一侧与桌腿斜度一致，导致合角角度不全是 45°。先加工左侧旁板和顶底板的左侧，直接将台锯加工角度调整至 45°完成加工，如图 3-128 所示。为保证贴皮密度板切割时不产生崩边，在台锯台面垫一张密度板作为台锯台面，安装前先锯切锯路，如图 3-129 所示。

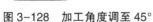

图 3-128　加工角度调至 45°

图 3-129　安装密度板作为台面

箱体右下角度为 99.4°，底板右侧和右旁板下侧合角角度为 49.7°，台锯角度调至 40.3°，完成切割加工。

箱体右上角度为 80.6°，面板右侧和右旁板上册合角角度为 40.3°。由于台锯角度受限，可使用长木方临时垫高台面来增加切割角度。完成切割加工后有误差，再使刨子进行刨削处理，如图 3-130、图 3-131 所示。

图 3-130　垫木方增加角度

图 3-131　完成角度切割

3）加工合页槽

因在箱体组装后加工合页槽比较困难，所以在组装前加工好合页槽。测量合页厚度为

5mm，如图 3-132 所示，确定合页槽的深度为 2.5mm，调整修边距加工深度为 2.5mm。画出合页安装位置，进行铣削，如图 3-133、图 3-134 所示。最后使用凿子将圆角部分修整方正，如图 3-135 所示。

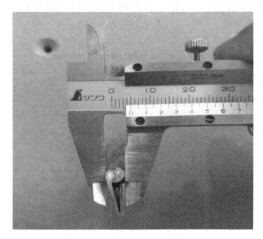

图 3-132　垫木方增加角度

图 3-133　确定合页安装位置

图 3-134　铣削合页槽

图 3-135　合页槽修角处理

4）画线、开榫孔

箱体选用拉米诺木榫进行连接，所以需要画出孔位的中心定位线，根据材料宽度确定开榫位置，保证受力均匀即可，如图 3-136 所示。

拉米诺开榫机加工深度调至 0# 木榫深度，调整好加工高度基准面，特别带角度开榫孔，有时居中开榫孔可能会导致板件被打透。在保证强度前提下尽量将榫孔位置向上移。调整好后进行开榫孔加工，注意板件角度的不同，同一角度全部加工完后，再调整另一角度进行加工，如图 3-137 至图 3-139 所示。

图 3-136 画开榫孔定位线

图 3-137 调整开榫孔加工角度

图 3-138 开榫孔加工

图 3-139 完成效果

5) 开槽及制作背板

测量背板厚度后选择相应直径的铣刀，将铣机靠栅调至距铣刀最外刃 12mm 处，加工高度为 5mm，如图 3-140、图 3-141 所示。进行开槽铣削加工，开槽后将槽内毛刺打磨平整，如图 3-142、图 3-143 所示。

图 3-140 铣刀外侧与靠栅距离调节

图 3-141 加工高度调节

图 3-142　开槽加工

图 3-143　打磨处理

　　测量箱体内侧实际长度，加上槽深 10mm 计算出实际背板尺寸，加工尺寸比实际尺寸小 1mm，便于组装，如图 3-144 和图 3-145 所示。箱体背板也需要 80.6° 的角度斜切，使用数显角度尺确定加工线，然后使用截锯沿切割线进行切割，如图 3-146、图 3-147 所示。由于背板尺寸比较长，截锯最大加工行程无法满足，需要分两次完成加工，加工过程中可能会产生锯痕，需在加工后使用手工刨子再进行修整，如图 3-148 所示。

图 3-144　量取箱体内侧实际长度

图 3-145　切割背板

图 3-146　画斜切加工线

图 3-147　截锯进行斜切加工

图 3-148　手工刨子修整切割面

6）打磨组装

先打磨组装后不易处理的箱体内侧，使用 240#砂纸打磨至光滑、平整、无毛刺即可，如图 3-149 所示。使用绷带夹进行组装，在四周外角使用包角或垫木进行保护，如图 3-150 所示。施胶时注意施胶量，不要溢胶；组装时可使用测量工具校正箱体尺寸，保证部件符合图纸尺寸要求。

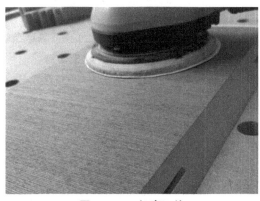

图 3-149　打磨工件

图 3-150　绷带夹紧固定

4. 制作面板

1）裁切面板

根据图纸计算出面板长与宽的尺寸应为 1050mm×410mm，使用裁板锯按照加工尺寸进行裁切，如图 3-151 所示。

2）制作面框

根据图纸进行材料的可视面挑选，尽量避免将缺陷暴露在外。随后进行方向标记，便于加工区分，如图 3-152 所示。

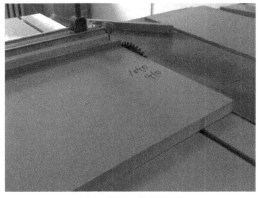

图 3-151　裁切面板

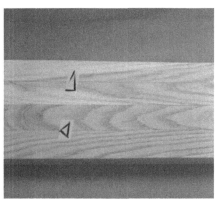

图 3-152　木料标记

将截锯水平加工角度调整至 45°后，对材料的一端进行横截切割，确定为基准面。先用面板尺寸来确定面框的加工尺寸，再进行斜切加工，以此减小误差，如图 3-153 所示。

3）画线、开榫孔

选用拉米诺木榫连接面板和外框，画出孔位中心定位线，孔位居中平分，如图 3-154 所示。

调整好机器的基准面高度及加工深度，按照画好的中心定位线进行开榫孔加工，如图 3-155 至图 3-157 所示。前后边框使用 5 个木榫，左右边框使用 3 个木榫，合角处使用 1 个木榫，共 20 个木榫，需要加工 40 个榫孔。

图 3-153　截锯 45°切割

图 3-154　画开榫孔定位线

图 3-155　四框开榫加工

图 3-156　四框开榫完成效果

图 3-157　面板开榫孔加工

4）铣线形

使用 45°仿形铣刀调至合适的铣削量，加工出 12.5mm×12.5mm 的榫槽，如图 3-158 和图 3-159 所示。

图 3-158 45°仿形铣刀

图 3-159 加工完效果

5）组装

面板所有面在组装后均可打磨到位，所以可在组装后打磨。组装时注意合角处的平齐，尽量保证正面组装平齐，如图 3-160、图 3-161 所示。

图 3-160 组装材料准备

图 3-161 夹具固定组装

5. 制作木门

1）木料标记

根据图纸进行材料的可视面挑选，尽量避免将缺陷暴露在外。随后进行方向标记，便于加工区分，如图 3-162 所示。

2）基准面切割及截料

测量制作好的箱体内侧尺寸，减掉四周 1mm 的缝隙，得出木门实际尺寸。木门也带有角度，同腿架一样，在切割右立边基准面时将角度切好，方便返线。

3）画线

使用平行划线规等测量工具，画出榫孔深度、榫头宽度及带角度的榫形线，如图 3-163 所示。

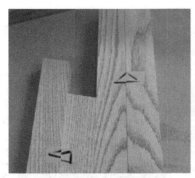

图 3-162　木料标记

图 3-163　使用工具画线

4）榫孔及榫头预加工

榫孔使用带锯和曲线锯，在进行相应的调试后，进行预切割，再使用曲线锯剔除标记多余的部分，留出大约 0.5mm 的铣削余量，如图 3-164、图 3-165 所示。也可以使用拉米诺开榫机选择合适的铣刀进行预加工。

图 3-164　带锯加工后效果

图 3-165　曲线锯剔除多余部分

使用截锯限深功能，预留出 1mm 左右的铣削余量，沿加工线进行预切割，如图 3-166、图 3-167 所示。注意有 3 个榫头的榫间带有角度，而且角度也各不相同，分别为 45°、40.3°、49.7°。

图 3-166　截锯去切割

图 3-167　加工后效果

5）精修铣削

榫孔和榫头的精修方法与其他方法一致，不再重复讲解。本项目木门与其他项目的区别是，木门带有倾斜角度，在加工时一定注意。榫孔角度需在精修铣削后完成，否则会给精修榫孔带来困难，如图 3-168、图 3-169 所示。

图 3-168 铣削榫孔

图 3-169 铣削榫头

6）切割立边合角及铣线形

榫孔按照角度要求切割出合角，切割可参照加工线，也可参照材料的边角线。榫头根据要求剔除多余的部分，如图 3-170、图 3-171 所示。

图 3-170 修整榫头

图 3-171 加工后效果

根据图纸要求选择 45°倒角刀铣削加工线形，如图 3-172、图 3-173 所示。

图 3-172 调试铣刀

图 3-173 加工线形效果

7）开槽及制作门芯板

测量门芯板实际厚度尺寸，选择相应的铣刀进行开槽，槽深调至不伤害榫头即可，如图 3-174、图 3-175 所示。

图 3-174　调试铣刀

图 3-175　加工线形效果

门芯板尺寸算法和加工方式与箱体背板完全一致，加工时由于门芯板尺寸较小，可以使用截锯一次完成角度切割加工，如图 3-176 所示。

8）打磨组装

为保证作品的线条清晰，门框内侧边使用手工刨子进行刨削处理。门芯板需要倒棱处理，便于组装。控制施胶量，防止出现溢胶。组装时要注意斜角处夹具是否稳定，如图 3-177 所示。

图 3-176　裁切门芯板

图 3-177　组装木门

6. 制作抽屉

抽屉制作以手工为主，抽屉面板与抽屉侧板采用半透式燕尾榫连接，保证抽屉的结构稳定，推拉自如。抽屉侧板与尾板采用直榫连接。

1）裁板、截料

截锯裁切好基准面后，根据图纸尺寸所示画切割线如图 3-178 所示，然后使用截锯裁切出抽屉所需的板材长度。再使用推台锯裁切出板材所需宽度，如图 3-179 所示。

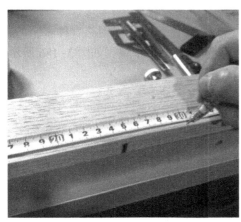

图 3-178 定点画线

图 3-179 调试台锯加工宽度

2) 侧板画线

根据材料质量挑选可视面, 确定位置后进行木料标记, 如图 3-180 所示。画出侧板与尾板相连的直榫加工线, 侧板与面板相连的长燕尾榫切割线, 如图 3-181 至图 3-183 所示。

图 3-180 木料标记

图 3-181 画直榫加工深度

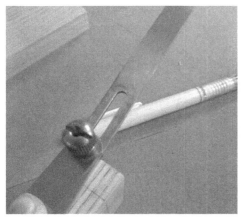

图 3-182 画燕尾榫加工线

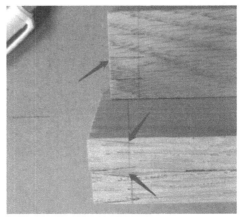

图 3-183 完成后效果

3）加工侧板

使用夹背锯沿线锯切出直榫榫头及燕尾榫榫头，再使用曲线锯剔除直榫多余的部分，如图 3-184、图 3-185 所示。最后使用凿铲将榫头、榫肩修理平整，如图 3-186 所示。

图 3-184　锯切燕尾榫

图 3-185　曲线锯剔除余量

图 3-186　凿子修整榫肩

4）返线

将完成的侧板榫头根据结构方向返线在尾板和面板上，减少加工误差，如图 3-187、图 3-188 所示。

图 3-187　尾板返线

图 3-188　面板返线

5）加工面板

将返好的线延长到切割面，锯切出榫孔的形状，注意不要过切，锯切尽量到位。用凿铲将榫孔内的多余部分去除，修理平整，如图 3-189 至图 3-191 所示。

图 3-189 沿线锯切

图 3-190 凿子剔除余量

6）加工尾板

尾板与侧板加工方式一致，注意剔除余料部分。

7）开槽及制作底板

测量底板厚度，选择相应的铣刀进行开槽，开槽时注意不要损伤榫结构部分。

底板加工尺寸与门芯板和箱体背板的计算加工方法一致。

图 3-191 修整后效果

8）开木滑轨槽

因组装后背板和侧板不在同一平面上，组装后加工木滑轨槽不方便，所以先加工木滑轨槽。根据木滑轨尺寸来加工木滑轨槽，如图 3-192 所示。

9）打磨组装

先将抽屉内侧板进行打磨。组装时注意防止溢胶以及整体垂直度，组装方法与储物柜抽屉组装一致，如图 3-193 所示。

图 3-192 修整后效果

图 3-193 夹具固定组装

7. 腿架组装

1）修整榫头

将之前组装好的腿架榫头多余的部分锯切掉，再使用手工刨子进行刨削处理，如图 3-194、图 3-195 所示。

图 3-194　锯切榫头

图 3-195　刨削榫头

2）画线、开榫孔

根据先前开榫孔的位置，画定位中心线，调整好拉米诺开榫机各参数，进行开榫孔加工，如图 3-196 和图 3-197 所示。

图 3-196　画定位中心线

图 3-197　开榫孔加工

3）打磨、组装腿架

将所有腿架材料进行打磨处理，特别是接合处是否产生溢胶，若有溢胶需清理后再打磨平整。组装时中间的抽屉位置可以使用同距离的密度板进行夹持定位，保证组装后不会出现位移的情况，如图 3-198 所示。

8. 安装木门

1）打磨箱体

将箱体结合处的落差刨削平整，使用 240# 砂纸进行打磨，如图 3-199 所示。要求表面光滑、平整、无毛刺。

图 3-198　夹具固定组装腿架

图 3-199　打磨箱体

2）修整榫头

将之前组装好的木门榫头多余的部分使用手工刨子进行刨削处理，如图 3-200 所示。再使用打磨机将木门所有面进行打磨处理，如图 3-201 所示。

图 3-200　刨削榫头后效果

图 3-201　打磨木门

3）加工合页槽

木门合页槽与箱体合页槽的加工方法一致。

4）倒棱、安装

使用砂纸板将木门四周的直角边进行倒棱处理，如图 3-202 所示。

使用电钻利用木螺钉安装合页与门、合页与箱体，如图 3-203 所示。安装时注意控制木门四周的缝隙，可以把与缝隙厚度一样厚的垫板塞入缝隙中，便于调节，整体效果如图 3-204 所示。

图 3-202　木门倒棱

图 3-203　安装合页

图 3-204　整体效果

9. 组装抽屉

1) 修整榫头

将直榫接合处多余榫头使用手工刨子进行刨削处理。使用凿子将先前加工木滑轨槽的圆角修成直角，如图 3-205、图 3-206 所示。

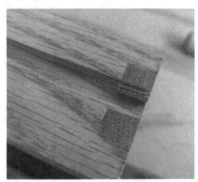

图 3-205　修整滑轨槽

图 3-206　圆角修成直角

2) 安装抽屉底板

抽屉底板加工尺寸的计算以及安装方法与储物柜抽屉安装方法一致。注意木螺钉固定围板时的安装位置，不要跑偏。底板加工尺寸组装后难免会有些瑕疵，可以使用手工刨子进行刨削处理，如图 3-207、图 3-208 所示。

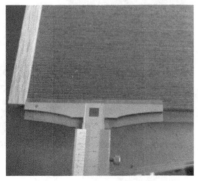

图 3-207　确定木螺钉安装位置

图 3-208　刨削处理底板

3）加工木滑轨

根据抽屉滑轨槽的尺寸，使用手工刨子对木滑轨进行刨削处理。两者配合不要太松，也不可太紧，如图3-209、图3-210所示。

图3-209 刨削木滑轨

图3-210 滑轨与滑轨槽配合

4）安装木滑轨

木滑轨与上中枨使用木螺丝钉固定，先在木滑轨上加工定位孔及沉孔，如图3-211所示。参照抽屉木滑轨槽位置确定木滑轨安装的位置，如图3-212至图3-214所示。

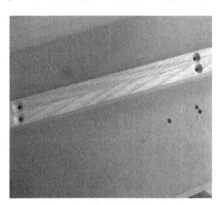

图3-211 加工定位孔及沉孔

图3-212 确定前后位置

图3-213 安装木滑轨

图3-214 木滑轨

10. 模块间组装

1）组装箱体与脚架

先确定安装木螺钉的位置，如图 3-215 所示。注意木螺钉的长度，不要打穿箱体旁板。确定位置后使用电钻加工定位孔及沉孔，如图 3-216 所示。组装时将腿架放置在箱体上，便于调整箱体的位置。安装时注意箱体右上边与上横枨之间尽量做到无缝对接，如图 3-217 所示。

图 3-215 确定钻孔位置　　　　　图 3-216 加工定位孔及沉孔

2）组装面板与脚架

将面板处理平整后进行打磨。面板与脚架连接使用圆木榫，先在腿架上确定圆木榫的安装位置，使用手电钻加工榫眼，如图 3-218 所示。再将定位销插入榫眼中，如图 3-219 所示。调整面板位置，利用定位销返点在面板上，最后加工出面板榫眼。使用夹具固定安装面板与脚架，夹具固定时须使用垫板，防止夹具伤害面板，如图 3-220 所示。

图 3-217 箱体右上边与上横枨之间的缝隙　　　图 3-218 加工圆木榫榫眼

图 3-219 使用定位销定点　　　　图 3-220 面板与脚架固定

3）抽屉安装到脚架上

安装抽屉前先对抽屉进行倒棱处理，以免直角边伤害到人，如图 3-221 所示。为保证抽屉滑动的流畅性，可以在木滑轨上涂抹固态蜡，减小构件之间的摩擦力，如图 3-222 所示。

图 3-221　抽屉倒棱处理

图 3-222　安装抽屉效果

11. 打磨与涂饰

工件和模块组装前，已经对材料进行了打磨处理，现在只是完善前期的打磨工作，如图 3-223 所示。加工质量再好，若没有后期打磨涂饰处理，也无法成为良好的作品。如此可见打磨与涂饰对于家具产品来说相当重要。但在打磨和涂饰工艺上也不要过度加工，例如，过度打磨会伤害板件及棱角处，油漆、木蜡油过量使用会使漆面不平整，成品质量较差。

作品细节展示如图 3-224、图 3-225 所示。产品整体展示如图 3-226、图 3-227 所示。

图 3-223　面板打磨

图 3-224　腿架后框

图 3-225　右侧腿架

图 3-226　成品图 1

图 3-227　成品图 2

【注意事项】

办公桌的左侧腿是倾斜的，在制作过程中，要注意有倾斜角度零件的制作。

【考核评价】

序号	考核内容	考核点	得分
1	材料使用(10分)	合理选材，利用率高(5分)	
		合理避让木材缺陷(5分)	
2	加工质量(20分)	零部件尺寸偏差(8分)	
		加工缺陷(6分)	
		倒圆角和收腿(6分)	
3	作品装配质量(55分)	缝隙(10分)	
		牢固性与稳定性(10分)	
		外观质量(8分)	
		组装尺寸偏差(12分)	
		形状偏差(15分)	
4	职业素养(15分)	工位卫生(2分)	
		工具、材料摆放(2分)	
		团队合作(2分)	
		设备使用(6分)	
		安全操作(3分)	
	总　分		

【巩固训练】

结合具体的桌案类家具设计方案，完成桌案类家具的制作。

任务 3-3　储物柜的制作

【工作任务】

>> 任务描述

本任务为小型实木储物柜的制作。该产品由脚架、箱体、抽屉以及滑动门 4 个模块组成。成品整体尺寸较小，功能较多，以实用、便捷、方便搬运为主要设计思路。设计方案除脚架与箱体连接使用木螺钉以外，其余连接都是实木榫卯结构，包含燕尾榫接合、直角榫接合以及拉米诺木榫结合。

>> 任务分析

该储物柜长度为 575mm，宽度为 300mm，高度为 453mm。脚架由实木方材利用直角榫连接而成，采用对称设计，符合审美要求；箱体采用贴皮密度板，也可以选择实木板材；背框分成两部分，一侧是封闭板材，另一侧采用格栅式半透背板，透光性、通风性较好。滑动门和抽屉设计为可拆卸，抽屉连接使用燕尾榫连接方式。整体作品结构稳定，柜上面可以放置一些电器，抽屉及柜体可以放置常用的物品。产品三视图如图 3-228 所示。

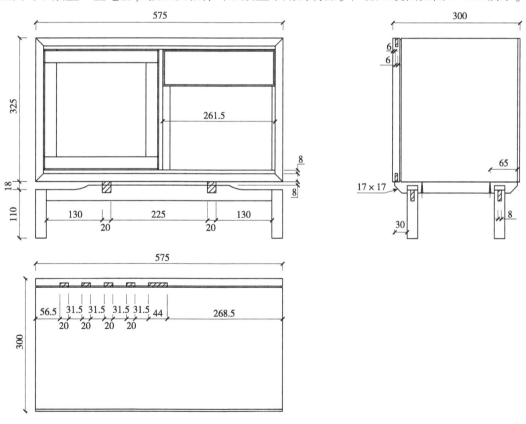

图 3-228　工艺图纸

1. 材料

储物柜材料清单见表 3-3。

表3-3   储物柜材料清单

家具部位	数量(个)	零件	长(mm)	宽(mm)	厚度(mm)	材料
腿架	4	腿	130	25	25	实木
	2	前后横枨	310	25	20	实木
	2	左右横枨	600	35	25	实木
箱体	2	顶底板	600	300	18	贴皮密度板
	2	旁板	400	300	18	贴皮密度板
	1	背横框	600	25	20	实木
	1	背竖框	400	25	20	实木
	1	背板	300	270	6	贴皮密度板
	4	背竖框1	400	20	20	实木
	1	背竖框2	400	50	20	实木
	2	封边	600	20	5	实木
	2	封边	400	20	5	实木
	1	封边	300	20	5	实木
	1	竖隔板	300	270	18	贴皮密度板
抽屉	1	面板	270	85	18	实木
	2	侧板	250	70	12	实木
	1	尾板	270	55	12	实木
	1	底板	270	250	6	贴皮密度板
	2	木滑轨	240	10	6	实木
移动门	2	立边	290	30	21	实木
	2	上下边	290	31	21	实木
	1	门芯板	290	290	6	贴皮密度板
	2	门滑轨	600	19	8	实木
连接件	若干	拉米诺	—	—	0#	实木
	4	木螺钉	35	3	3	金属

图3-229   储物柜材料准备

根据材料清单准备好的材料如图3-229所示。

1)检查材料

材料准备好后,根据材料清单再次检查材料数量、尺寸、规格、天然缺陷等问题,剔除质量不合格的材料。

2)材料分类

按照加工顺序或模块进行分类。

2. 使用的设备及工具

（1）设备：吸尘器、横截锯、推台锯、带锯、倒装台铣机、多米诺开榫机、拉米诺开榫机、手持打磨机、手电钻。

（2）工具：游标卡尺、T形画线卡尺、卷尺、直角尺、铅笔、橡皮、纸胶带、乳白胶、胶刷、砂纸板、木螺钉；8mm 钻头、木螺丝批头、6mm 三刃螺旋刀、8mm 三刃螺旋刀、仿形清底铣刀、直铣刀；快速夹、垫板；刨子、凿子、曲线锯；口罩、护目镜、耳塞、围裙、工装鞋。

【任务实施】

1. 板材封边

板材封边所需加工时间较少，但乳白胶固化需要一定时间，为了保证箱体制作时的流畅性，需先将板材进行封边，放置一旁待乳白胶固化。

1）裁板

根据图纸所示，需要将板材的一端封边，故此只需使用推台锯裁切板材的其中一端；为更好地贴合实木封边，必须保证截面平整、无刀痕印，如图 3-230、图 3-231 所示。

图 3-230　调节加工宽度

图 3-231　推台锯修边

2）修整封边条

检查封边条的长度、厚度，如果厚度太厚，可通过刨削进行处理，同时选择封边条的可视面。

3）封边

在板材截面进行施胶后尽量将乳白胶涂抹均匀，并确保没有杂质，如图 3-232、图 3-233 所示。将实木封边条按压贴合在截面上，多余的部分后期可以通过修边机来铣削修整。

图 3-232　截面施胶

4）固定待固化

使用胶带进行固定，防止封边条移动。进行固定时，需要用力将纸胶带拉紧，使实木封边条更好地贴合板材截面，确保黏合处无缝隙，如图 3-234 所示。

图 3-233　胶水抹均匀

图 3-234　胶带进行固定

完成所有封边后将板材放置一旁，待胶黏剂固化。放置时注意不要挤压到实木封边条，防止封边条移位或不能紧密黏合。

2. 制作脚架

1）裁切基准面

将截锯加工角度调试好后，对材料的一端进行横截切割，确定为基准面。确保后续画线准确，如图 3-235 所示。

图 3-235　横截确定基准面

2）截料

以基准面为起点进行定点画线，按加工线进行切割。加工类似于脚架这种尺寸相同的木料，可以使用截锯延长台面上的限位器或者使用木料挡块来完成限位，以此保证重复加工的精度，如图 3-236、图 3-237 所示。

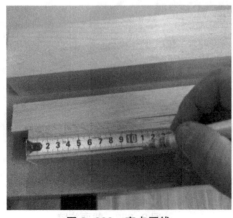

图 3-236　定点画线

图 3-237　限位切割

3）标记

在截断所有木料后，根据图纸进行材料的可视面挑选；尽量避免将有缺陷的表面暴露在外，注意木材颜色的不一致、纹理方向、结疤等。随后进行方向标记，便于加工区分，如图 3-238 所示。

4）画线

根据图纸要求在所需位置画线。画线时注意线宽，使用 0.3mm 铅笔。较细的线可以提高加工精度。根据图纸画出榫孔深度 25mm、卡榫槽深 8.5mm 等所需加工定位线，如图 3-239 所示。

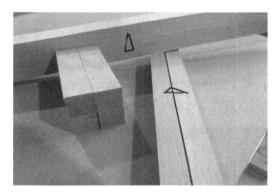

图 3-238　标记木料

图 3-239　画加工定位线

5）预加工切割

使用截锯限深功能，预留出 1mm 左右的铣削余量，将所有卡榫榫槽、榫头都切割好后准备铣削。注意材料厚度的变化，适当调整限位深度，如图 3-240、图 3-241 所示。

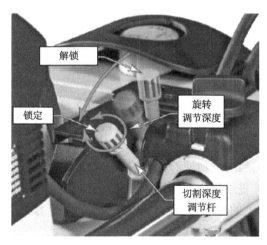

图 3-240　截锯调至限深加工

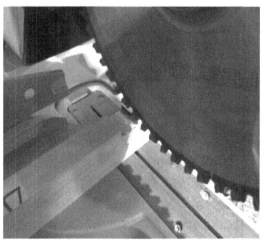

图 3-241　限深切割

根据图纸要求需在横枨的两端切割掉 17mm×17mm 的三角形。将截锯水平角度调整至45°后，依据切割线进行加工，如图 3-242、图 3-243 所示。

图 3-242　横枨切割角度标记线

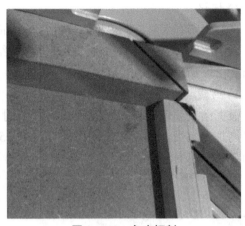

图 3-243　角度切割

预切割开口贯通榫榫孔时，可根据孔深、孔宽来选择使用合适的拉米诺开榫机或是带锯进行开榫孔加工，预留出 0.5mm 铣削余量即可，如图 3-244、图 3-245 所示。

图 3-244　拉米诺开榫机开孔加工

图 3-245　预切后效果

6）铣削开口贯通榫榫孔

使用倒装铣机安装 8mm 直径三刃螺旋刀铣削修整榫孔。在 25mm 厚的木料居中开出宽 8mm、深 25mm 的榫孔，应将铣刀最外刃调整至距靠栅 16.5mm 处，铣刀高度距铣机基准面 25mm，如图 3-246、图 3-247 所示。

采用倒装铣削的加工方式，铣削时注意木料后端应加辅助推料挡块，增加与靠栅的接触面积来保证加工安全。加工时注意进给速度，进给过快会导致加工面质量差，进给过慢会导致加工面焦糊。铣削后可使用砂纸将孔壁上的毛刺打磨掉，来获取光滑、平整的榫孔，如图 3-248、图 3-249 所示。

7）铣削卡榫榫槽及榫头

使用仿形清底铣刀进行卡榫榫槽底部的铣削，铣削前先调试好加工深度，如图 3-250 所示。根据加工好的榫孔榫壁厚度来调整仿形清底铣刀加工高度，铣削修整榫头，如图 3-251 所示。

图 3-246　铣刀外刃与靠栅距离

图 3-247　加工深度

图 3-248　辅助木料加工

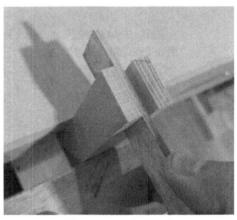

图 3-249　砂纸修整

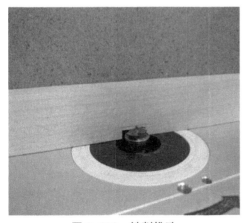

图 3-250　铣削榫孔

图 3-251　铣削榫头

8）脚架横枨的异型加工

画出横枨的线形定位线后使用带锯、曲线锯去除多余部分，留出大约 1mm 的余量，如图 3-252、图 3-253 所示。再使用倒装铣机进行精修处理，如图 3-254、图 3-255 所示。

　　根据图纸要求，脚架腿的底部要进行45°倒角处理，将截锯水平角度调整至45°，由于倒角处较多，为方便统一加工，使用限位块进行加工；使用废料调试限位块位置，以免发生错误，无法弥补，如图3-256、图3-257所示。

图3-252　带锯粗加工

图3-253　曲线锯加工

图3-254　铣机精修

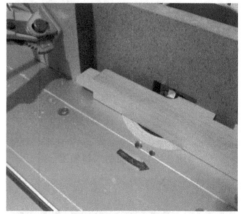

图3-255　加工后效果

图3-256　调整水平加工角度

图3-257　倒角加工处理

9）打磨组装

由于结构原因，部分位置组装后不方便打磨，所以先将所有部件打磨好后进行组装。组装时按照前期标记的位置进行，减少接合处的误差。注意夹具的使用方法，尽量不要使用夹具去处理加工缺陷，否则可能会导致尺寸偏差较大，如图 3-258、图 3-259 所示。

图 3-258　使用夹具固定

3. 制作箱体

1）板材修边

使用修边机对先前实木封边的板材进行修整，调整铣刀高度与修边机的基准面水平，进行修边加工处理，如图 3-260 至图 3-262 所示。

图 3-259　夹具固定接合处

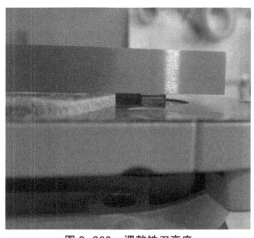

图 3-260　调整铣刀高度

图 3-261　修边处理

图 3-262　加工后效果

2）板材 45°切割

将台锯锯片的加工角度调整为 45°，先将全部板材裁切出一端作为基准边；注意使用靠栅定位时需确保板材的方正，如图 3-363 和图 3-264 所示。之后根据图纸尺寸分别裁切出顶底板 575mm，左右旁板 325mm，如图 3-265、图 3-266 所示。

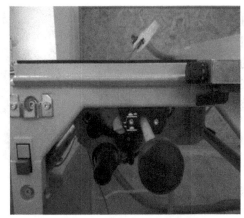

图 3-263 调节锯片加工角度为 45°

图 3-264 角度切割

图 3-265 调整加工宽度

图 3-266 切割处理

测量实际加工后的旁板内侧板边距离来确认隔板高度，减少加工误差。将台锯锯片角度调回至 90°，裁切隔板高度为 258mm。

3）标记

箱体组装须使用拉米诺木榫进行连接，根据材料宽度确定使用木榫数量及开孔位置。使用拉米诺开榫机进行加工时需画出孔位的中心定位线，如图 3-267 所示。对箱体板及隔板位置进行标记，便于组装，如图 3-268 所示。

4）拉米诺榫孔加工

将拉米诺开榫机的加工角度调至 45°，如图 3-269 所示。依据标记好的开孔定位线进行加工，注意开榫加工必须连接吸尘器，为保证榫孔的质量，加工进给速度不宜过快。

45° 角度开榫加工后，设备调至 90° 和 0°，如图 3-270 所示。然后进行隔板安装榫孔的加工，如图 3-271、图 3-272 所示。注意，隔板安装位置以及开榫的位置需正确。

5）打磨

先打磨组装后不易处理的箱体内侧板面和隔板，使用 240# 砂纸打磨至光滑、平整、无毛刺即可，如图 3-273、图 3-274 所示。

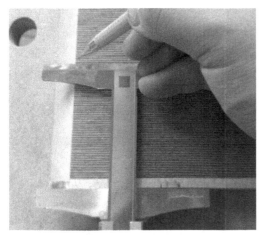

图 3-267　确定开孔位置

图 3-268　板材位置标记

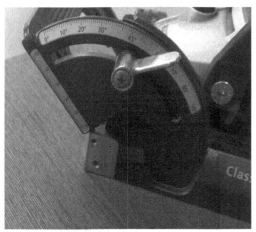

图 3-269　加工角度为 45°

图 3-270　加工角度为 90°

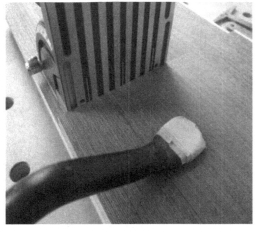

图 3-271　隔板安装孔加工

图 3-272　榫孔加工后效果

图 3-273　打磨处理

图 3-274　砂纸目数

6）组装

使用绷带夹组装箱体，组装时注意涂胶量，不要溢胶。可使用包角或垫块保护好箱体外部直角。组装对于整体作品的质量很重要，注意作品尺寸及对角线尺寸，确保箱体方正，如图 3-275 至图 3-277 所示。

4. 制作背框

1）基准面裁切

将截锯加工角度调试好后，对材料的一端进行横截切割，确定为基准面。确保后续画线准确。

图 3-275　组装前准备工作

图 3-276　箱体组装

图 3-277　组装后效果

2）截料

以基准面为起点进行定点画线，按加工线进行切割。尺寸相同的木料较多时，可以使用截锯延长台面上的限位器或者使用木料挡块来完成限位，以此保证重复加工的精度。

3）标记

在截断所有木料后，根据图纸进行材料的可视面挑选，尽量避免将缺陷暴露在外。随后进行方向标记，便于加工区分，如图 3-278、图 3-279 所示。

图 3-278　挑选材料

图 3-279　材料分类标记

4）画线

以基准面为基准，画出卡榫榫槽宽度和槽榫间隔距离，如图 3-280 所示。为减小加工误差，将画好线的木料和其他木料端头对齐，使用夹具固定，进行统一返线。画出榫槽深度、榫头厚度和宽度，如图 3-281 所示。

图 3-280　画加工线

图 3-281　画出剔除的木料

5）卡榫榫槽预切割

使用截锯限深功能，根据加工线位置预留出 1mm 的铣削余量，调整加工深度后进行预切，先对齐榫槽两侧的加工线加工，注意锯路的里外位置，如图 3-282 和图 3-283 所示。

6）榫头预切割

背框竖格栅上需加工长度和宽度为 20mm×10mm 的直榫，预留出 1mm 的铣削量。加工方法与卡榫榫槽加工方法相同。

7）制作背框榫孔

使用拉米诺开榫机，选择直径为 5mm 的铣刀，加工深度调至为 15mm，预加工出榫孔。加工时注意开榫的高度位置以及加工进给速度，如图 3-284 所示。再选用 6mm 直径三刃螺旋刀，调整铣机靠栅至螺旋刀最外刃的距离为 12mm，调整加工高度为 19mm，进行铣削加工，如图 3-285 至图 3-287 所示。

图 3-282　榫槽预切割　　　　　　　　图 3-283　加工后效果

图 3-284　开榫高度位置　　　　　　　图 3-285　螺旋刀修整

图 3-286　榫孔完成　　　　　　　　　图 3-287　完成效果

8）制作 45°合角的榫头

将截锯水平加工角度调整至 45°，先使用废料来进行试切，检查角度是否准确，即使出现微小的误差，在合角时也会出现缝隙。角度调整好后，对上下边框进行切割，切割时根据木料长度不同（是否预留出刨削余量）来选择是对线进行切割还是对边角线进行切割，如图 3-288、图 3-289 所示。

9）铣削榫槽和榫头

使用倒装铣机，安装仿形清底铣刀，按照卡榫榫槽深度进行修整加工。

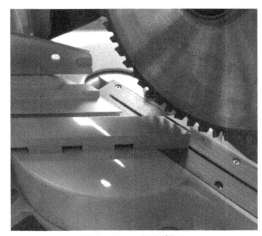

图 3-288　切割榫头

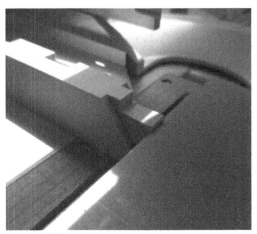

图 3-289　剔除多余部分

根据榫孔的榫壁厚度来调节仿形清底铣刀的加工高度，这样可以保证榫卯结合的稳定性，如图 3-290 所示。注意铣削一定不能太深，过深无法弥补，榫头厚度稍微大些，则可用砂纸板打磨微调，这样才可以得到配合良好的榫卯结构。

图 3-290　根据榫孔调整铣刀加工高度

10）开槽

测量背板厚度后选择相应的铣刀进行开槽加工，开槽后将槽内毛刺打磨平整，再将槽端圆角使用凿子修整出直角，便于组装，如图 3-291、图 3-292 所示。

图 3-291　修整榫槽

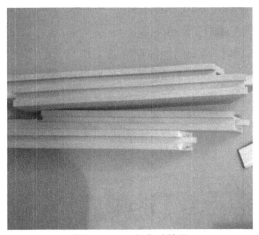

图 3-292　完成后效果

11）制作背板

测量出实际边框的内间距，加上槽深，计算出背板的实际尺寸，加工尺寸要比实际尺寸小 1mm，方便组装，如图 3-293 所示。裁切好后需对工件进行打磨处理。

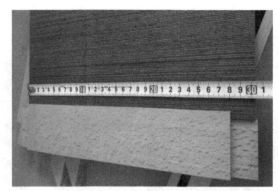

图 3-293　测量框内距离

12）组装

确认工件全部加工完成后进行试组装，发现问题后立即进行调整，直至达到满意的效果。注意组装的顺序，要优先组装好背板，最后安装左右边框，如图 3-294、图 3-295 所示。

图 3-294　试组装

图 3-295　夹具固定

5. 制作滑动门

制作滑动门的前期准备工作与其他模块的加工方法一致，都是裁切基本面、截料、木料标记，如图 3-296 所示。此处不再进行重复讲解，直接进入后续的制作工艺流程。

图 3-296　木料标记

1）画线

画出榫孔深度、榫头厚度和宽度，确定裁切部分，使用记号笔标记，防止加工时出现错误，如图 3-297、图 3-298 所示。

图 3-297　画加工线　　　　　　　图 3-298　标记切掉部分

2）预加工

使用带锯预切割出榫孔宽度，再用曲线锯将多余部分剔除。调整截锯的限位深度后切割出榫头的榫肩，再使用带锯预切榫头，预留出 1mm 的榫头铣削余量，后期用铣机进行修整，如图 3-299 所示。

3）精修榫孔

与其他榫孔加工一致，先调整好三刃螺旋刀到靠栅的距离，再调整螺旋刀加工高度，然后进行铣削。铣削时注意保证榫孔位置居中，木料后端应加辅助推料木块，增加与靠栅的接触面积来保证加工安全，同时也防止榫孔在加工完成后离开螺旋刀时产生崩边现象。

4）精修榫头

根据榫孔的榫壁厚度调整好仿形清底铣刀的加工高度后进行铣削加工。同样注意榫头厚度，调整完毕尽量使用废料进行参数核对，保证加工质量，如图 3-300 所示。

图 3-299　预加工后的效果　　　　　图 3-300　铣削榫头

5）开槽

滑动门开槽与背框开槽加工方法一致，测量滑动门芯板的厚度，选择相应的铣刀进行开槽，开槽后将槽内毛刺打磨平整即可。开槽尽量选择 T 形铣刀进行加工。可能有些槽宽与铣刀厚度不符，但可以通过调整铣刀加工高度，两次完成开槽加工。开槽加工若使用直刀，一定注意工件加工的稳定性，特别对于较高的工件，加工时不要发生晃动；直刀直径可能与开槽宽度不一致，也可以通过两次加工完成，但要特别注意直刀加工时必须保证材料进给方向与铣刀旋转方向相反，否则容易发生"飞料"事故。

6）制作门芯板

测量出实际门边框的内间距，再加上槽深，计算出门芯板的实际尺寸，加工尺寸比实际尺寸小 1mm，方便组装，使用台锯进行切割加工，保证门芯板的方正。

7）组装滑动门

滑动门的零件全部加工完成后开始组装，须在接合处施胶，注意施胶量不宜过多，因为溢胶固化后很难处理，容易把木皮撕裂。组装完成后使用夹具夹紧滑动门，待乳白胶固化。夹具固定时，使用量具、角尺测量外框尺寸及滑动门的垂直度，保证滑动门的加工质量，如图 3-301、图 3-302 所示。

图 3-301　移动门全部零件

图 3-302　夹具固定移动门

6. 制作抽屉

抽屉采用燕尾榫的连接方式，需要操作者有较强的手工制作能力。掌握锯、凿等手工工具的使用技巧，方可达到完美的连接效果，抽屉是本项目的重点、难点。

1）裁板、截料

根据图纸尺寸所示裁切出抽屉所需的板材尺寸。测量箱体组装后隔板至旁板的实际距离，减掉抽屉左右缝隙尺寸，得出抽屉实际尺寸。先裁切出基准面，按照实际尺寸画加工线，使用截锯按照加工线进行横截处理，如图 3-303、图 3-304 所示。

图 3-303　按尺寸加工侧板

图 3-304　抽屉所需材料

2）标记、侧板画线

根据材料质量挑选可视面，确定位置后进行木料标记，如图 3-305 所示。画出榫头的深度、宽度。画好一侧后过线到板的另一侧，如图 3-306 至图 3-308 所示。

图 3-305　木料标记

图 3-306　画榫头深度

图 3-307　画榫宽

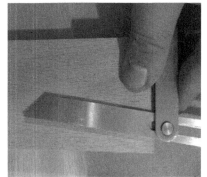

图 3-308　画切割线

3）锯切

依据切割线使用夹背锯锯切出榫宽线，再使用曲线锯剔除多余部分，如图 3-309 和图 3-310 所示。注意根据剔除部分位置确定锯路在切割线的左侧还是右侧，一定不要出错，锯切时也要留出修整的余量，如图 3-311、图 3-312 所示。

图 3-309　夹背锯锯切

图 3-310　曲线锯加工

图 3-311　砂板修整

图 3-312　完成效果

图 3-313　尾板返线

4）修整

将两块侧板使用夹具固定在一起，使用凿、铲修整榫头、榫肩。确保连接面平整、垂直。

5）返线

完成两块侧板制作后，根据相应的榫头方向位置在面板和尾板上进行返线，如图 3-313 和图 3-314 所示。返线时注意画线定位侧板的位置，再将侧板返到面板截面的线垂直过线，如图 3-315 所示。

图 3-314　面板返线

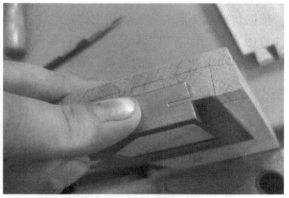

图 3-315　面板垂直过线

6）制作面板

依据加工线进行锯切，半透燕尾榫锯切时只能锯成 45°，一定不可过线。切好锯路后使用凿子将榫孔内多余部分剔除，如图 3-316、图 3-317 所示。随后使用凿子进行修整，如图3-318、图3-319所示。半透燕尾榫加工难度较大，加工前确保刃具锋利，刃具锋利才可以保证质量和提升加工速度。

图 3-316　加工半透燕尾榫

图 3-317　剔除

图 3-318　修整半透燕尾榫

图 3-319　完成效果

7）制作尾板

尾板与侧板加工方式相同，注意返线的精准度，剔除部分要标记准确。

8）加工底板槽

面板和侧板不是平齐的时候先铣削侧板槽。调整好铣削高度后进行开槽加工，注意进给速度，如图3-320所示。完成开槽后打磨掉毛刺，与面板进行试组装；再根据侧板槽的位置测量画出面板的实际开槽位置，调整好铣刀加工高度后进行开槽。注意开槽是否为通槽，不是通槽要在铣机上安装限位挡块，铣机加工后还要使用凿子进行修角处理，如图3-321至图3-323所示。

9）打磨

主要打磨组装后不可打磨的抽屉内部。注意不要过度打磨，避免损伤榫头。

10）组装

组装时应注意抽屉内侧不要溢胶，夹紧固定时注意检测抽屉的垂直度，如图3-324、图3-325所示。

图 3-320　铣削开槽加工

图 3-321　开槽后效果

图 3-322　修角处理

图 3-323　完成效果

图 3-324　检测垂直度

图 3-325　夹具固定

7. 背框的安装

1)修整背框

测量箱体的实际长度和高度，再检查背框尺寸，如有不同则进行刨削处理，将多余的榫头刨削平整。一般修整处理都使用手工刨子，可以将刨削量调至很小，刨削面质量也较好；尽量不要使用打磨机处理，如图3-326所示。

2)画线

选用拉米诺木榫连接箱体与背框，开榫加工前先确定开榫的位置，画出开榫位置的中心线，如图3-327所示。开榫的数量、位置根据连接模块的尺寸自行确定。

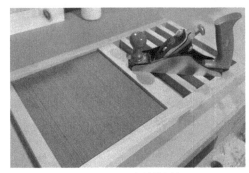
图3-326　刨削修整

图3-327　画开榫中心线

3)开榫

将拉米诺加工榫孔深度调整至0#榫槽深度，依据开榫中心线在背框和箱体上开榫孔，如图3-328所示。加工时注意，一定要对准加工线，工件一定靠住机器上的基准面，确保榫孔的精准度。

4)铣削线形

根据图纸要求在背框连接箱体的一侧铣削3mm×3mm的线形，调整好铣刀及靠栅位置后进行铣削。铣削时木材有顺纹和横纹，要注意工件进给速度，防止工件发生崩边，如图3-329所示。

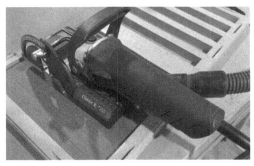
图3-328　拉米诺开榫孔

图3-329　背框铣削线形

5)打磨、倒棱处理

将背框打磨至平整、光滑、无毛刺。除了背框与箱体连接处的直角边以外，其余直角边全部进行倒棱处理。

6) 组装

背框已完成打磨和倒棱，在组装时注意不要伤害背框，特别是棱角处。控制好施胶量，不要产生溢胶，如图 3-330、图 3-331 所示。

图 3-330　背框、箱体施胶　　　　　　图 3-331　夹具固定组装

8. 安装滑动门

1) 制作木滑轨

测量实际箱体内部的宽度尺寸。根据测量尺寸确定截取木滑轨的长度，如图 3-332 所示。

根据图纸要求对木滑轨开槽。注意上下的槽深不同，上槽深度为 4mm，下槽深度为 2mm，开槽的位置居中，后期使用砂纸板进行修整处理，如图 3-333 所示。

图 3-332　量取箱体内部宽度　　　　　图 3-333　处理滑轨槽

2) 安装木滑轨

在木滑轨底部均匀涂抹乳白胶进行固定安装，如图 3-334 所示。图纸要求木滑轨距箱体最外边有 1mm 的距离，使用平行划线规找平画线，均匀平行地留出 1mm 的距离。

3) 修整滑动门

将滑动门的四框、榫头刨削平整，检测移动门的垂直度。

4）制作滑轨

调整好铣刀与靠栅后进行轨道的制作加工，如图 3-335 所示。注意，滑轨位置应居中，并小于木滑轨槽宽 0.3mm，方便门框在滑轨上移动；上下边的加工深度也不同。

图 3-334 夹具固定安装木滑轨

图 3-335 制作滑动门滑轨

5）滑动门打磨、倒棱处理

完成木滑轨配合后进行打磨处理，要求工件表面平整、光滑、无毛刺。将滑动门的所有边进行倒棱处理，如图 3-336、图 3-337 所示。

图 3-336 打磨滑动门

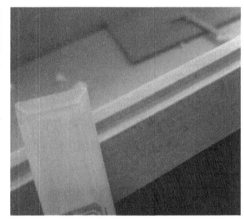

图 3-337 打磨滑轨

6）完成门的安装

所有工作处理完成后，安装滑动门，如图 3-338 所示。为保证滑动门移动的通顺性，可以在滑轨上涂固体蜡，减小工件间的摩擦力。

9. 抽屉的安装

1）修整抽屉

使用刨子将榫头多余部分刨削至平整，如图 3-339 所示。

2）安装抽屉底板

量取并计算抽屉底板的尺寸，加工底板时要比实际尺寸小 1mm，便于后期工件的组装，如图 3-340 所示。使用木螺钉将底板固定在抽屉尾板上，在底板上确定安装木螺钉的位置，尽量居中。木螺钉安装时要先钻定位孔和沉孔，防止安装螺丝钉导致尾板劈裂，如图 3-341 所示。

图 3-338　安装移动门

图 3-339　处理多余榫头

图 3-340　安装抽屉底板

图 3-341　固定抽屉底板

3) 开滑轨槽

根据图纸尺寸要求, 调整好铣刀和靠栅的位置, 进行开槽铣削加工, 如图 3-342 所示。铣削时为防止过切, 可以使用木料挡块进行限位。

4) 修滑轨槽

使用凿子将铣削后的槽端圆角修成直角, 将槽内的毛刺打磨掉, 如图 3-343、图 3-344 所示。

5) 面板铣线形

根据图纸要求在抽屉面板上铣削出 3mm×3mm 的裁口线形, 如图 3-345 所示。

图 3-342　加工抽屉槽

图 3-343　修整滑轨槽前的圆角

图 3-344　修整后的滑轨槽直角

图 3-345　裁口后效果

6）安装木滑轨

　　将木滑轨刨削至与抽屉槽配合良好的效果，如图 3-346 所示。根据抽屉槽长度裁切木滑轨，如图 3-347 所示。在箱体侧板和隔板上画线，确定木滑轨安装的位置，如图 3-348 所示。注意，滑轨安装水平度很重要，滑轨前端可以稍微上扬，但一定不能下倾；同时通过木滑轨尺寸也确定了抽屉与箱体之间的缝隙，尽量保证三边的缝隙一致。确定位置后在木滑轨上钻沉孔，如图 3-349 所示。安装时使用直角尺确保木滑轨的水平度，使用木螺钉进行固定，如图 3-350 所示。

图 3-346　木滑轨与抽屉槽配合

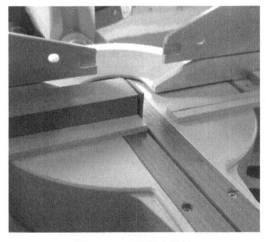

图 3-347　裁切木滑轨

图 3-348　画线确定安装位置

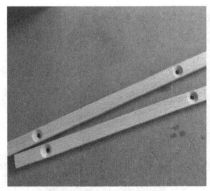

图 3-349　木滑轨钻沉孔

图 3-350　使用直角尺辅助安装

10. 脚架与箱体组装

1）打磨箱体、脚架

将箱体外部全部打磨后底部朝上放置，脚架也进行打磨处理，如图 3-351 所示。对与箱体连接的直角边以外的全部直角边进行倒棱处理。

2）确定打孔位置

将脚架放置在箱体上，根据图纸前后留出 5mm 的距离，左右对齐，如图 3-352 所示。使用夹具进行固定，如图 3-353 所示。打孔位置要求遵循居中、前后平分的原则，在横枨上画出孔位，如图 3-354 所示。

图 3-351　打磨箱体

图 3-352　确定安装位置

图 3-353　夹具进行固定

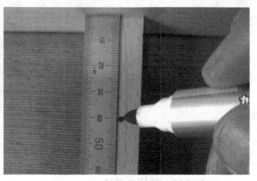

图 3-354　确定安装螺钉位置

3）安装

在安装木螺钉的标记点上，使用手电钻钻定位孔及沉孔，如图 3-355 所示。使用木螺钉安装、固定箱体与脚架模块，如图 3-356、图 3-357 所示。

图 3-355　钻定位孔

图 3-356　木螺钉安装固定

图 3-357　安装后效果

11. 后期处理

后期处理就是打磨和涂饰，与前面项目一致，这里不重复讲解。打磨时棱角处尽量使用手工打磨，使用机器易伤害棱角；砂纸目数越大、越细腻，打磨效果越好。表面可以刷木蜡油，也可以进行油漆喷涂，根据客户需求选择涂饰方案。打磨和涂饰次数越多，产品漆面质量越好，光泽度越高。涂饰前产品的细节展示如图 3-358、图 3-359 所示，上木蜡油后作品的效果如图 3-360、图 3-361 所示。

图 3-358　脚架模块

图 3-359　抽屉模块

图 3-360 成品图 1

图 3-361 成品图 2

【注意事项】

储物柜的加工制作要注意移门和抽屉的制作，尤其注意抽屉燕尾榫的制作。

【考核评价】

序号	考核内容	考核点	得分
1	材料使用(10分)	合理选材，利用率高(5分)	
		合理避让木材缺陷(5分)	
2	加工质量(20分)	零部件尺寸偏差(8分)	
		加工缺陷(6分)	
		倒圆角和收腿(6分)	
3	作品装配质量(55分)	缝隙(10分)	
		牢固性与稳定性(10分)	
		外观质量(8分)	
		组装尺寸偏差(12分)	
		形状偏差(15分)	
4	职业素养(15分)	工位卫生(2分)	
		工具、材料摆放(2分)	
		团队合作(2分)	
		设备使用(6分)	
		安全操作(3分)	
	总 分		

【巩固训练】

结合具体的柜类家具设计方案，完成柜类家具的制作。

任务 3-4　儿童床的制作

【工作任务】

≫任务描述

本项目是在人体工程学基础上设计的一款围栏式儿童床，可以和大床组合使用，以实用、便捷、方便移动为主要设计思路。造型尺寸可满足儿童使用到小学阶段。

≫任务分析

该儿童床在功能尺寸设计上考虑使用时间较长远。床高 400mm，床的长度为 1680mm，宽度为 880mm。床围采用可拆卸结构，幼儿时作为围栏，预留一边将儿童床和成人床合并摆放，方便家长照看幼儿。也可拆卸掉，作为独立床使用。三视图如图 3-362 所示。

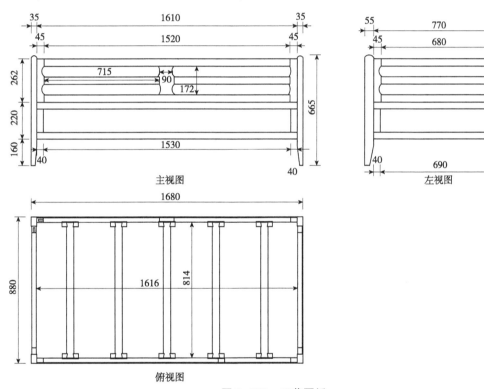

图 3-362　工艺图纸

1. 材料

儿童床材料清单见表 3-4。

表 3-4　儿童床材料清单

家具部位	数量(个)	零件	长(mm)	宽(mm)	厚度(mm)	材料
腿架	4	腿	665	55	35	实木
	4	前后横枨	850	40	28	实木
	4	左右横枨	1700	40	28	实木

（续）

家具部位	数量（个）	零件	长（mm）	宽（mm）	厚度（mm）	材料
腿架	8	左右横枨	190	40	28	实木
	2	前后板	710	160	20	实木
	2	左右板	1550	160	20	实木
	6	床围栏 1	740	45	28	实木
	2	床围栏 2	1580	45	28	实木
	2	床围栏 3	775	45	28	实木
	3	床围栏 3	1130	45	28	实木
	8	围栏立柱 1	262	45	28	实木
	1	围栏立柱 2	230	190	28	实木
	2	支撑条 1	1610	30	30	实木
	2	支撑条 2	740	30	30	实木
	7	床板条 1	1600	80	15	实木
	4	床板条 2	730	45	15	实木
五金配件	4	床挂件				金属
	7	螺杆	8×60			金属
	60	自攻螺丝	4×60			金属
	11	预埋内外牙	10×8			
	40	自攻螺丝	4×25			

2. 使用的设备及工具

（1）设备：横截锯、推台锯、平刨、压刨、带锯、方钻机、倒装台铣机、手持打磨机、手电钻。

（2）工具：游标卡尺、T 形画线卡尺、卷尺、直角规、铅笔、橡皮、放样图纸、三角板、纸胶带、双面胶、自攻螺丝；10mm 方钻、10mmT 形槽刀、R5mm 圆角刀、ϕ8mm×20mm 带帽螺杆、床挂件，12mm 仿形刀、10mm 圆角刀、5mm 圆角刀；快速夹、垫板、中密度纤维板（制作模具用），胶水；口罩、护目镜、耳塞、围裙、工装鞋。

【任务实施】

1. 面板加工

1）裁基准料（图 3-363）

2）标记画线

先从腿料做起，将床腿正确摆放，用三角符号标记出前后左右的位置，根据图纸由下往上推算尺寸，标出榫头的位置，与榫眼相匹配。借助 T 形卡尺画线、直角（画"×"的为去除部分），如图 3-364 至图 3-366 所示。

3）使用方钻机加工左右面框榫眼

选择与画好的孔位一致的方钻刀头，调整好方钻打孔深度为 40mm，对照画线位置进行打孔，如图 3-367、图 3-368 所示。

图 3-363　基准面裁切

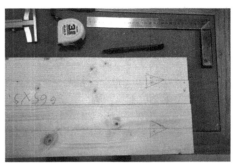

图 3-364　T 形卡尺画线

图 3-365　榫头画线 1

图 3-366　榫头画线 2

图 3-367　方钻刀头

图 3-368　床脚、床围板的榫眼加工

4）床腿异型切割（图 3-369）

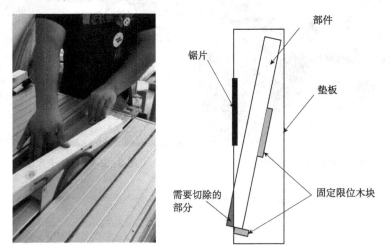

图 3-369　锯切床脚

5）加工榫头

用铣机限高定位进行加工，如图 3-370 所示。

图 3-370　榫头加工

选用槽刀，调整好刀的高度，制作一块垫板防止在铣削榫头过程中出现走位、偏移。材料比较小的需要借助辅助木块，以免直接去料时发生崩缺，如图 3-371 所示。

图 3-371　榫头加工

6）部件开槽

铣面框槽：使用 10mm T 形铣刀配合倒装铣机，刀高为 9mm，深度为 11mm，借助推料辅助工具送料，如图 3-372 所示。

图 3-372　榫槽加工

7）曲面部件加工

利用打磨机完成圆角成型，如图 3-373、图 3-374 所示。

图 3-373　加工圆角

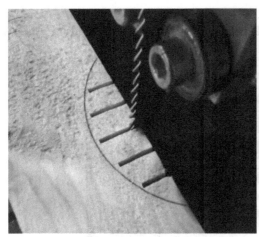

图 3-374　45°角切割完成

图 3-375　推台锯修边

8）裁嵌板

嵌板尺寸为 710mm×160mm×20mm。使用推台锯修边，角度修正为 90°，然后裁准料，如图 3-375 所示。

9）铣面板槽

使用 10mm T 形铣刀，如图 3-376 所示。

铣嵌板榫头：配合倒装铣机，刀高度为嵌板高度 5mm，深度调至 11mm，铣嵌板料。可使用深度尺与 T 形数显卡尺精确调试，如图 3-377 所示。

图 3-376　T 形铣刀

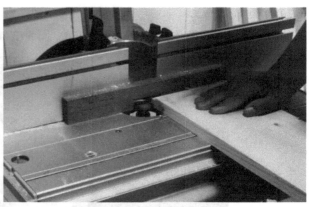

图 3-377　铣面板边框槽

先铣短边，再铣长边，预防工件崩边。

10）倒角处理

注意，倒角时要顺着纹理倒角，这样工件表面更顺滑，没有倒刺。刀具要锋利，避免工件崩裂，如图 3-378 所示。

11）部件打磨

在组装前，对所有部件进行打磨，主要将部件上的记号笔痕磨掉，对组装后不方便打磨的地方要先打磨。使用打磨机用 180#～320# 砂纸逐步打磨至光滑，如图 3-379 所示。

图 3-378　倒角处理　　　　　　　　　　　图 3-379　部件打磨

12）部件组装

部件组装完成后进行手工打磨，为左边面处理做准备（图 3-380、图 3-381）。

图 3-380　固定部件　　　　　　　　　　　图 3-381　部件打磨

13）组装

在接触面上施胶，注意采用 S 形的施胶方式。先组装床屏和床侧构件（图 3-382、图 3-383）。

图 3-382　框架组装　　　　　　　　　　　图 3-383　框架组装

2. 后期处理

家具的后期处理意在使木制品不易变形与发霉，使用更耐久。

1）上底漆

先擦底漆，如图 3-384 所示。注意擦拭底漆后家具上细小的木毛会显示出来。

放置 24h 以上底漆完全干燥后，使用 240#砂纸再次打磨，以去除木毛，使家具表面更平整光滑，如图 3-385 所示。

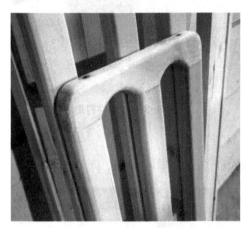

图 3-384　上底漆

图 3-385　打磨

2）上面漆

在喷漆房内，将儿童床放置在喷漆台上，在喷壶内装面漆，均匀喷洒产品表面后，静置 24h 以上，等待油漆干燥，如图 3-386 所示。

面漆干燥后，先后用 600#砂纸和抛光棉依次将工件打磨光滑，如有必要，可重复以上操作步骤，以增加家具表面漆膜的厚度和光泽度。打磨完成后，成品如图 3-387 所示。

图 3-386　上面漆

图 3-387　成品图

【注意事项】

儿童床的加工制作需要特别注意对圆角的打磨。

【考核评价】

序号	考核内容	考核点	得分
1	材料使用(10 分)	合理选材，利用率高(5 分)	
		合理避让木材缺陷(5 分)	
2	加工质量(20 分)	零部件尺寸偏差(8 分)	
		加工缺陷(6 分)	
		倒圆角和收腿(6 分)	
3	作品装配质量(55 分)	缝隙(10 分)	
		牢固性与稳定性(10 分)	
		外观质量(8 分)	
		组装尺寸偏差(12 分)	
		形状偏差(15 分)	
4	职业素养(15 分)	工位卫生(2 分)	
		工具、材料摆放(2 分)	
		团队合作(2 分)	
		工具使用(6 分)	
		安全操作(3 分)	
总　分			

【巩固训练】

结合具体的床类家具设计方案，了解床类家具的流程。

参考文献

王明刚，2018. 实木家具制造技术[M]. 北京：中国轻工业出版社.

冯昌信，龙大军，2022. 家具设计[M]. 3版. 北京：中国林业出版社.

李婷，梅启毅，2019. 家具材料[M]. 3版. 北京：中国林业出版社.

曾东东，2014. 家具生产技术[M]. 北京：中国林业出版社.

杨静，2021. 家具结构设计[M]. 北京：中国林业出版社.

黄嘉琳，2019. 家具造型设计[M]. 北京：中国轻工业出版社.

张付花，2018. 玩转微木工：零基础木作小件[M]. 北京：中国轻工业出版社

刘文金，唐立华，2007. 当代家具设计理论研究[M]. 北京：中国林业出版社

余肖红，2018. 室内与家具人体工程学[M]. 北京：中国轻工业出版社.

罗春丽，贾淑芳，2020. 定制家具设计[M]. 北京：中国轻工业出版社.

郑建启，李翔，2006. 设计方法学[M]. 北京：清华大学出版社.

朱钟炎，范乐明，贺星临，2007. 计创意发想法[M]. 上海：同济大学出版社.

孟红雨，2010. 中国传统家具设计[M]. 北京：中国建筑工业出版社.

刘晓红，江功南，2012. 板式家具制造技术及应用[M]. 北京：高等教育出版社.

于伸，万辉，2009. 家具造型艺术设计[M]. 北京：化学工业出版社.

柳冠中，2019. 事理学方法论[M]. 上海：上海人民美术出版社.

周忠锋，罗春丽，2020. 家具涂料与涂装[M]. 北京：中国轻工业出版社.

李黎，刘红光，罗斌，2021. 木工机械[M]. 北京：中国林业出版社.

吴智慧，2004. 木质家具智造工艺学[M]. 北京：中国林业出版社.

许柏鸣，2009. 家具设计[M]. 北京：中国轻工业出版社.

彭亮，许柏鸣，2018. 家具设计与工艺[M]. 3版. 北京：高等教育出版社

李卓，2019. 家具设计[M]. 北京：北京理工大学出版社。

孙亮，2016. 系列家具产品设计与实训[M]. 2版. 上海：东方出版中心.

丁玉兰，2006. 人机工程学[M]. 北京：北京理工大学出版社.

何人可，2003. 工业设计史[M]. 北京：北京理工大学出版社.

胡景初，方海，彭亮，2008. 世界现代家具发展史[M]. 北京：发行中央编译出版社.

国家市场监督管理局，2017. GB/T 3326-2016 家具桌、椅、凳类主要尺寸[S]. 北京：中国标准出版社.

国家市场监督管理局，2017. GB/T 3327-2016 家具　柜类主要尺寸[S]. 北京：中国标准出版社.